真正的强者在于内心的强大

内心强大，谁都伤不了你

文德——编著

中国华侨出版社
·北京·

前言 PREFACE

　　世界上有两种截然不同的人。一种人缺乏自信，总是被环境所支配，也会被他人的评价所影响，经不起外界哪怕最微弱的质疑，不敢做真实的自己，总是活在别人的阴影里。这种人内心非常弱小，无法承受一点委屈，当被人误解和冤枉时，就会感觉心里很受伤。他们往往最终会沦为失败者。另一种人恰恰相反，他们目光远大，心胸开阔；他们敢于坚持自己内心的想法，胜不骄败不馁，更不轻易为别人所动。这种人内心十分强大，可以战胜一切恐惧与悲观，谁都无法真正伤到他们，更无法打倒他们。这种人往往或早或迟会成为人群中的佼佼者、成功者。

　　我们每个人都希望自己成为内心强大的人，从而在社会交往中免受别人伤害。那么怎样才能内心强大呢？其实，一个拥有强大内心的人，并非总是强势的、咄咄逼人的，相反他可能是温柔的、和蔼的、有韧性的、不紧不慢的、沉着而淡定的。内心强大是心中的安定与平静。强大，不是霸道，不是要将别人的所有占为己有，恰恰相反，内心的强大带给我们的是宽容和谦让。正是因为内心的安定与平静，我们才明白自己真正需要什么，才明白如何才能得到快乐。

　　内心强大者都有一颗海纳百川的包容之心，包容是精神的成熟和心灵的丰盈，有了这种境界和品质，人就会变得豁达而坚强；内心强大者都懂得淡定处世的哲学，淡定是人生阅历积累起来的练达，是一种道德品质、知识学养和综合素质自然展现的状态，是一种真正的内心的强大；内心强大者都善于变通，他们做人做事从不死钻牛角尖，他们永远从从容容，不生气、不抱怨、不失控，他们处世能进退自如，游刃有余，总能赢得广阔的生存空间；内心强大的人不需要任何人给他幸福，任何人的爱对他的人生只是锦上添花，而不是生命之源。

真正的强者在于内心的强大。本书深入揭示了导致现代人内心弱小的根源，从自信、包容、淡定、隐忍等方面教会读者如何修炼心灵能量，做内心强大的自己。一切成功都从内心开始，外在世界的成就不过是内心世界成就的倒影。只有心理上变得强大起来，你才能战胜外在的困境。世上最宝贵的财富不在别处，就在陪伴我们一生的心灵之中。唤醒内在的强大力量，激发正面思维的能量，是我们一生的心灵修炼。

第一章
内心足够强大，人生才能屹立不倒

2 … 内心足够强大，生命就会屹立不倒
4 … 你比你认为的更强大
7 … 改变态度，你就可能成为强者
10 … 人生并非由上帝定局，你也能改写
12 … 多给自己积极的心理暗示
14 … 强悍的自信心是远离痛苦的唯一方法
17 … 每个人都有未知的可能性
19 … 要心存盼望地看待未来
21 … 只要心中有灯，就能驱散黑暗
23 … 了解自己真正的目标是什么

第二章
先把强大的自己找回来

26 … 每个生命都从不卑微

28 … 勇敢地做自己的上帝

31 … 我们真正恐惧的其实只是恐惧本身

33 … 从现在起，不再对自己进行否定

35 … 自卑就是对自己的抱怨

37 … 克服自卑的11种方法

40 … 自信，人生才能有幸

43 … 勇于将愿望付诸行动

45 … 认识自己，接受自己

47 … 一切均由爱自己开始

49 … 不把自己的幸福寄托在别人身上

◇ 第三章
不管世界如何险恶，你只需内心强大

53 … 遇谤不辩，沉默即宽容

55 … 多一些磅礴大气，少一些小肚鸡肠

57 … 克服狭隘，豁达的人生更美好

60 … 不要把别人的冒犯放在心上

62 … 用刀剑去攻打，不如用微笑去征服

64 … 帮助曾经伤害过你的人

66 … 对自己的对手"投之以木桃"

68 … 因包容而避免冲突

70 … 低姿态消融他人嫉妒的壁垒

◇ 第四章

没什么比管住自己更能获得强大的自信

74 … 管住自己才能内心强大
76 … 管住自己才能营造幸福生活
80 … 管住信念,没有人能轻易左右你的方向
83 … 管住情绪,没有人能轻易操控你
85 … 管住虚荣,没有人能轻易刺激到你
88 … 管住轻浮,没有陷阱能轻易网得住你
90 … 管住欲望,没有利益能轻易诱惑到你
92 … 管住心态,没有厄运能轻易打倒你
94 … 管住依赖,没有谁能伤害你的尊严

◇ 第五章

转换思路,可以不被任何事情操控

100 … 做人不可过于执着
102 … 不幸人的一大共性:过分执着
105 … 凡事不能太较真
107 … 放掉无谓的固执
109 … 不要让小事情牵着鼻子走
111 … 下山的也是英雄
113 … 换种思路天地宽
116 … 苛求他人,等于孤立自己

118 … 有一种智慧叫"弯曲"
121 … 改变世界,从改变自己开始
123 … 条条大路通罗马

◇ 第六章
内心强大,才能真正无所畏惧

127 … 恐惧是人生的大敌
129 … 直面恐惧才能战胜恐惧
133 … 少一点恐惧,多一些乐趣
135 … 摆脱逃避的沼泽
139 … 恐惧的邪恶力量
141 … 怀疑自己的能力
144 … 害怕失败的后果
146 … 不要被恐惧束缚手脚
148 … 输给自己的假想敌
150 … 不能正确认识已经历或未经历的事
152 … 不轻易给自己下判决书

◇ 第七章
感谢折磨你的人,在沉默中超越一切对手

156 … 给自己一个突破自我的机会
158 … 生活在折磨中升华
160 … 从现在起,感谢折磨你的人吧
161 … 反击别人不如充实自己

164 ⋯ 把别人的折磨当成前进的动力

165 ⋯ 不要让别人拿走你的潜能

167 ⋯ 善待你的对手

171 ⋯ 在压力中奋起

◇ 第八章

有一种力量叫淡定，有一种优雅叫从容

174 ⋯ 感知并掌握淡定的力量

176 ⋯ 保持平缓而有规律的呼吸

178 ⋯ 用"内在生态"对抗"精神污染"

179 ⋯ 给自己留一段独处的时间

181 ⋯ 淡泊胸怀，独善其身

183 ⋯ 看庭前花开花落，宠辱不惊

184 ⋯ 从容地活出自己的精彩

186 ⋯ 人生苦旅，等闲视之

◇ 第九章

失败怕什么，大不了从头再来

190 ⋯ 惨败的局面是大捷的前奏

192 ⋯ 不要灰心，除非你达到目的

194 ⋯ 相信积极思想的力量

197 ⋯ 磨炼可以使我们的灵魂更加坚固

199 ⋯ 脚踏实地是最好的选择

201 ⋯ 站起来，可以拥抱挫折

203 … 人生的冷遇也是一种幸运
205 … 将失败像蜘蛛网一样轻轻抹去
208 … 从失败的阴影里走出来

◇ 第十章
抱怨不如改变，生气不如争气

212 … 抱怨生活，不如经营生活
214 … 别把抱怨的"枪口"对准每一个角落
216 … 事事烦心，事事无成
219 … 事能知足，就能多一些达观
221 … 日子难过，更要认真地过
224 … 扫除错误观念，世界不是根据公平原则创造的
226 … 不抱怨是一种智慧
227 … 抱怨就是蒙上了幸福的眼睛

◇ 第十一章
爱在时当守，爱去时当放

230 … 善待手中的爱情
233 … 幸福与否，由你来定
235 … 挥手告别不适合自己的人
237 … 放开手，让对方幸福
239 … 在深爱中保持自我
241 … 失去的是恋情，得到的是成长
244 … 抱怨抓不紧不如给他自由

第一章

内心足够强大，
人生才能屹立不倒

内心强大的人能够于红尘万丈中，始终保持一种高洁淡雅的志趣，以平和的心态来看待世间的功利得失，宠辱不惊、贫贱不移。内心强大的人，自有其浩然的气度，他们是芸芸众生中的中流砥柱，他们以坚定不移的信念、豁达随和的处世态度，赢得了世人永恒的敬重，也为自己的生命收获了一份高贵的尊严。强大，不是霸道，不是要将自己的意志强加给别人，恰恰相反，内心强大是心中的安定与平静，带给人的是宽容和忍让。

内心足够强大，生命就会屹立不倒

在每个人的生命中，每一年都会发生各种各样的事情，或大喜或大悲，无论如何，这些事情就像我们生命中的坐标一样，它们或深或浅或明媚或黯淡的色调，构成了我们的人生画卷。

尽管在人生的岁月里，起伏不定常常带给人们不安全感。所以，人们常常抱怨磨难，抱怨那些让我们的生活变得艰苦的事情，抱怨那些让我们的内心承受煎熬的经历。可是，人们在抱怨的时候并没有想到，这些磨难就像烈火，我们只有经过锤炼，才能变得更加坚韧、更加刚强。

德国有一位名叫班纳德的人，在风风雨雨的50年间，他遭受了200多次磨难的洗礼，成为世界上最倒霉的人，但这些也使他成为世界上最坚强的人。

他出生后的第14个月，摔伤了后背；之后又从楼梯上掉下来，摔残了一只脚；再后来爬树时又摔伤了四肢；一次骑车时，忽然不知从何处刮来一阵大风，把他吹了个人仰车翻，膝盖又受了重伤；13岁时掉进了下水道，差点窒息；一辆汽车失控，把他的头撞了一个大洞，血如泉涌；又有一辆垃圾车，倾倒垃圾时将他埋在了下面；还有一次他在理发屋中坐着，突然一辆飞驰的汽车驶了进来……

他一生遭遇无数次灾祸，在最为晦气的一年中，竟遇然到了17次意外。

令人惊奇的是，他至今仍旧健康地活着，心中充满着自信。他历经了200多次磨难的洗礼，还怕什么呢？

人生不可能一帆风顺，一旦困境出现，首先被摧毁的就是失去意志力和行动能力的温室花朵。经常接受磨炼的人才能创造出崭新的天地，这就是所谓的"置之死地而后生"。

"自古雄才多磨难，从来纨绔少伟男"，人们最出色的成绩往往是在挫折中做出的。我们要有一个辩证的挫折观，经常保持充足的信心和乐观的态度。挫折和磨难使我们变得聪明和成熟，正是不断从失败中汲取经验，我们才能获得最终的成功。我们要悦纳自己和他人，要能容忍不利的因素，学会自我宽慰，情绪乐观、满怀信心地去争取成功。

如果能在磨难中坚持下去，磨难就是人生不可多得的一笔财富。有人说，不要做在树林中安睡的鸟儿，要做在雷鸣般的瀑布边也能安睡的鸟儿，就是这个道理。磨难并不可怕，只要我们学会去适应，那么磨难带来的逆境，反而会让我们拥有进取的精神和百折不挠的毅力。

我们在埋怨自己生活多磨难的同时，不妨想想班纳德的人生经历，或许还有更多多灾多难的人们，与他们相比，我们的困难和挫折又算得了什么呢？只要我们内心足够自信与强大，生命就能够屹立不倒。

习惯抱怨生活太苦、运气太差的人，是不是也能说一句这样的豪言壮语:"我已经经历了那么多的磨难,眼下的这一点痛又算得了什么?!"

只要相信自己,就没有什么外在因素可以伤害或摧毁你,至于受老板的责骂、受客户的折磨、被别人批评之类的小事,你还会在乎吗?

你比你认为的更强大

走近一个不了解的环境之中时,我们会习惯性地怀疑自己的能力,陌生会带给我们恐惧。再加上不了解的人对我们的不客观的评价,常常会让我们感受到很多莫名的压力。所以,我们总是在自我否定里畅游,以为自己很糟糕。但是我们可以看到,以前并不被看好的人最终站在成功的舞台上的时候,我们不得不说,是人们看低了他们,是他们自己低估了自己的实力。

由此可见,有时候我们并不了解自己到底有多大实力,当我们还在为自己的糟糕而难过的时候,说不定你已经开始创造奇迹的旅程了。

在《野草只是没被发现用处的植物》一文中曾经写道:

他生于美国一个靠海的小村庄。5岁那年,他们全家搬迁到纽约布鲁克林区,父亲在那儿做木工,承建房座,他在那儿也开始上小学。由于生活穷困,他只读了5年小学,便辍学在印刷厂做学徒了。工作虽然辛苦,却没有阻止他爱上浪漫的诗歌,他像发疯一样,没日没夜地写。

1855年7月4日,他自费出版了第一本诗集,初版印了1000册。薄薄的小书只有95页,包括十二首诗和一篇序。绿色的封面,封底上画了几株嫩草、几朵小花。他兴奋地拿了几本样书回家,弟弟乔治只是翻了一下,认为不值得一读,就弃之一旁。他的母亲也是一样,根本没有读过它。一个星期之后,他的父亲因风瘫病去世,也没有看过儿子的作品。

拿出去卖,很可惜,一本都没卖掉。他只好把这些诗集全都送了人,但也没有得到什么好结果。著名诗人朗费罗、赫姆十、罗成尔等人对此不予理睬,大诗人惠蒂埃把他收到的一本干脆投进火里,林肯看后也险些烧掉。

社会上的批评更是铺天盖地,对他大肆辱骂。伦敦《评论》报认为"作者的诗作违背了传统诗歌的艺术。他不懂艺术,正像畜生不懂数学一样"。波士顿《通讯员》则把这本诗集称为"浮夸、自大、庸俗和无种的杂凑",甚至写他是个"疯子","除了给他一顿鞭子,我们想不出更好的办法"。连他的服装、相貌都成为嘲笑的对象,"看他那副模样,就能断定他写不出好诗来"。

铺天盖地的嘲笑和谩骂声,像冰冷的河水,浇灭了他所有的激情。他失望了,开始怀疑自己:我是不是根本就不是写诗的料?就在他几近绝望时,远在马萨诸塞州康科德的一位大诗人被他那创新的写法、不押韵的格式、新颖的思想内容打动了。大诗人随即写了一封信,给这些诗以极高的评价:

"亲爱的先生,对于才华横溢的诗集,我认为它是美国至今所能贡献的最了不起的聪明才智的菁华。我在读它的时候,感到十分愉快。它是奇妙的，有着无法形容的魔力，有可怕的眼睛和水牛的精神，我为您的自由和勇敢的思想而高兴……"

这真诚的夸奖和赞誉，一下子点燃了他心中那将要熄灭的火焰。他从此坚定了自己写诗的信念，一发而不可收。

后来，他成为了具有世界声誉和世界意义的伟大诗人，他唯一的诗集也成了美国乃至人类诗歌史上的经典。他就是"现代美国诗歌之父"——瓦尔特·惠特曼，那部诗集的名字叫《草叶集》。而当年那位写信对他予以赞美和鼓励的诗人，叫爱默生。

爱默生说："在我的眼里，没有野草，野草只是还没有被发现用处的植物。"所以，当惠特曼沉浸在对自己失望的痛苦中时，他根本就没有意识到自己正在创造人类的奇迹，而他自己也已经成为了全世界最伟大的诗人之一。

很多时候，我们并不能完全了解自己。所以，在灾难发生时，我们才会有惊人的爆发力；在处于险境时，我们才能挖掘出以前没有意识到的潜能。

我们总是比自己想象中的更伟大，所以不要低估自己，认为自己很糟糕，而应该多给自己一份信心，多给自己准备一个发展的平台。相信在自信的动力驱使之下，我们一定会有更好的成绩，有更多的机会接近成功。

改变态度，你就可能成为强者

有这样一个故事：

一天，一只老虎躺在树下睡大觉。一只小老鼠从树洞里爬出来时，不小心碰到了老虎的爪子，把它惊醒了。老虎非常生气，张开大嘴就要吃它，小老鼠吓得簌簌发抖，哀求道："求求你，老虎先生，别吃我，请放过我这一次吧！日后我一定会报答你的。"

老虎不屑地说："你一只小小的老鼠怎么可能帮得了我呢？"但它最后还是把老鼠放走了，因为它觉得一只小小的老鼠还不够塞自己的牙缝。

不久，这只老虎出去觅食时被猎人设置的网罩住了。它用力挣扎，使出浑身力气，但网太结实了，越挣扎绑得越紧。于是它大声吼叫，小老鼠听到了它的吼声，就赶紧跑了过去。

"别动，尊敬的老虎，让我来帮你，我会帮你把网咬开的。"

小老鼠用它尖锐的牙齿咬断了网上的绳结，老虎终于从网里逃脱出来。

"上次你还嘲笑我呢，"老鼠说，"你觉得我太弱小了，没法报答你。你看，现在不正是一只弱小的小老鼠救了大老虎的性命吗？"

读完这个故事，我们不难想到，在这个世界上，从来就没有谁注定就是强者，也没有谁注定就是弱者。强大如老虎，在猎人的陷阱里，它就变成了弱者；弱小如老鼠，在结实的网绳前，拥有锋利牙齿的它就变成了强者。

你或许自以为是弱者：貌不惊艳，技不如人，出身贫寒，资质平平，在人才辈出的社会里就像"多一个不多，少一个不少"的那个人。如果你这么想，你就错了，甚至连上文中那个自信满怀的老鼠都不如。

在这个世界上，每个人都是身怀绝技的强者，这种绝技就像金矿一样埋藏在我们看似平淡无奇的生命中。

法国文豪大仲马在成名前，穷困潦倒。有一次，他跑到巴黎去拜访他父亲的一位朋友，请他帮忙找个工作。

他父亲的朋友问他："你能做什么？"

"没有什么了不得的本事。"

"数学精通吗？"

"不行。"

"你懂得物理吗？或者历史？"

"什么都不知道。"

"会计呢？法律如何？"

大仲马满脸通红，第一次知道自己太差劲了，便说："我真惭愧，现在我一定要努力补救我的这些不足。我相信不久之后，我一定会给您一个满意的答复。"

他父亲的朋友对他说："可是，你要生活啊！把你的地址留在这张纸上吧。"大仲马无可奈何地写下了他的住址。

父亲的朋友看后高兴地说："你的字写得很好呀！"

你看，大仲马在成名前，也曾有过自己认为自己一无是处的时候。然而,他父亲的朋友却发现了他的一个优点——字写得很好。

字写得好,也许你对此不屑一顾:这算什么绝技!然而,它毕竟是你的本事。你就能以此为基地,扩大你的优点范围:字能写好,文章为什么就不能写好?

我们每一个人,特别是妄自菲薄的人,切不可把强者的标准定得太高,而对自身的长处视而不见。你不要死盯着自己学习不好、没钱、不漂亮等不足的一面,你还应看到自己身体健康、会唱歌、文章写得好等不被外人和自己留意或发现的强项。

事实上,你不是个天生的弱者,每个人都有自己的长处和短处,你为什么只看到自己的不足,而没有看到自己的闪光之处呢?

纤细孱弱的小草,自然无法与伟岸挺拔的劲松相提并论。然而,春寒料峭中,是小草那片淡淡的嫩绿,让大地展现出勃勃的生机。

潺潺而流的溪水,当然不能与奔腾浩渺的江河同日而语。然而,深山河谷中,是小溪那份执着的奔流,让大地充满了无限的活力。

小草不因其柔弱而萎缩,小草自有一种信念;小溪不因其涓细而却步,小溪自有一种自信……你,同样不是弱者,只要你认识自己的力量,爆发自己的热能,你就是生活的强者。

只要在认识自己中不断创造自己,不断完善自己,又何必要那么多的惆怅、自卑和叹息。仰起你自信的脸庞,即使你现在还是小草、小溪、小鸟、小舟,甚至阴暗角落里那粒不为人所知的尘埃,总有一天,你可以成为万众瞩目的强者。

人生并非由上帝定局，你也能改写

常常会听到这样的抱怨：我很想做一番事业，可是没有贵人相助；如果我出生在显赫的家庭，我一定不会像现在这样生活了……面对生活的不如意，我们总是抱怨环境，抱怨命运，可是我们忘了，真正决定我们生活的，并不是命运，而是我们自己。

虽然我们无法选择自己的出身、父母和家庭，也就是说无法选择决定我们前半生命运的平台。但是，我们绝对有办法选择自己后半生的路、生活环境或者生活方式。命运不是一成不变的，所以即使我们曾经承受了过多的苦痛，现在也可能正在经受着生活的折磨，但是只要你敢于向命运挑战，敢于寻找命运的突破口，你就一定能改写自己的命运。

1994年，他成了澳大利亚残疾人网球赛的冠军；2000年，他拿到了澳大利亚体育机构的奖学金，并在全国健康举重比赛中排名第二；截止到2005年，他到过190多个国家作演讲报告，激励过200多万人。他就是一出生腿就严重畸形，但不坐轮椅，坚持用双手"走路"的人——约翰·库缇斯。

库缇斯一出生，腿就严重畸形。医生认为他活不过24小时，建议他的父亲准备葬礼。可是，当父亲含泪准备好葬礼之后，却发现他的儿子还活着。10岁的时候，约翰上学了，可他却被同学们当成"怪物"，受尽了嘲弄和虐待。他一次次被同学们推倒在地无法起来；他曾被人像玩偶一样吊在转动的风扇下无法解脱；他那两条没知觉的腿曾被同学用刀片割过，这些事促使约翰选择了将两条不能发挥作用的残腿截肢……这些屈辱的经历使约翰一度想自杀，但他舍不得爱他的双亲。最终，约翰变成了一个坚强的人。

约翰给自己的人生定下了目标，并且写在了纸上，他要做一个自食其力的人，约翰坚定地说："一个人一旦确定了自己的目标，就把它写下来，然后去努力实现它。不要怕失败。1000次摔倒，可以1001次站起来。摔倒多少次没关系，重要的是，你能站起来多少次。别人对我说，'约翰，你什么都不做也没关系，你整天在家不做任何事都没有人会责怪你。'但我说，我不可以。懒惰不是我的强项，我必须发挥我的优势。"

在取得多项体育成就之后，一个偶然的机会，开创了约翰人生的全新局面。那次他对自己经历作的简短演讲，竟然使一个女孩放弃了自杀的想法，这让约翰决定走上讲台，给更多绝望的人带来希望。现在，约翰至少已经成为了国际著名的激励演讲家。"如果我可以做到，你为什么不能做到？"这句著名的反问以及约翰式的睿智、激情，改变了很多人的生活。

此外，还有残奥会的健儿们，他们没有受到命运的宠爱，上帝在书写他们的人生的时候，为他们安排了厄运。但是他们通过自己的努力，通过超乎常人的付出，呈现在我们面前的，同样是一种震撼人心的精彩。

与他们相比，我们所面临的那一点困难又能算什么呢？生活中，我们遇到的无非就是工作压力、求职压力、生活压力。也许我们对生活有美好的构想，但是现实总是粉碎了我们的愿望。这个时候，与其选择悲观失望，不如鼓起勇气，向生活挑战，向命运挑战。当我们展露出勇往直前的姿态的时候,那些曾经阻隔我们向美好生活迈进的困难与挫折,就会在我们面前丢盔卸甲,变得不堪一击。

多给自己积极的心理暗示

1960年,哈佛大学的罗森塔尔博士曾在加州一所学校做过一个著名的实验。

新学期,校长对两位教师说:"根据过去几年来的教学表现,证明你们是本校最好的教师。为了奖励你们,今年学校特地挑选了一些最聪明的学生给你们教。记住,这些学生的智商比同龄的孩子都要高。"校长再三叮咛:"要像平常一样教他们,不要让孩子或家长知道他们是被特意挑选出来的。"

这两位教师非常高兴,更加努力教学了。

一年之后,这两个班级的学生成绩是全校中最优秀的。知道结果后,校长如实地告诉两位教师真相:他们所教的这些学生智商并不比别的学生高。这两位教师哪里会料到事情是这样的,只得庆幸是自己教得好了。

随后,校长又告诉他们另一个真相:他们两个也不是本校最好的教师,而是在所有教师中随机抽选出来的。

这两位教师相信自己是全校最好的老师,相信他们的学生是全校最好的学生,正是这种积极的心理暗示,才使教师和学生都产生了一种努力改变自我、完善自我的进步动力。这种企盼将美好的愿望变成现实的心理,这就是心理暗示的作用。

心理暗示是我们日常生活中最常见的心理现象,它是人或环境以非常自然的方式向个体发出信息,个体无意中接受这种信息并做出相应的反应的一种心理现象。暗示有着不可抗拒和不可思议的巨大力量。

成功心理、积极心态的核心就是自信主动意识,或者称作积极的自我意识,而自信意识的来源和成果就是经常在心理上进行积极的自我暗示。反之也一样,消极心态、自卑意识,就是经常在心理上暗示,而不同的心理暗示也是形成不同的意识与心态的根源。所以说心态决定命运,正是以心理暗示决定行为这个事实为依据的。

每个人都应该给自己以积极的心理暗示。任何时候,都别忘记对自己说一声:"我天生就是奇迹。"本着上天所赐予我们的最伟大的馈赠,积极暗示自己,你便开始了成功的旅程。拿破仑·希尔给我们提供了一个自我暗示公式,他提醒渴望成功的人们,要不断地对自己说:"在每一天,在我的生命里面,我都有进步。"暗示是在无对抗的情况下,通过议论、行动、表情、服饰或环境气氛,对人的心理和行为产生影响,使其接受有暗示作用的观点、意见或按暗示的方向去行动。

积极的自我暗示,能让我们开始用一些更积极的思想和概念来替代我们过去陈旧的、否定性的思维模式,这是一种强有力的技巧,一种能在短时间内改变我们对生活的态度和期望的技巧。

也就是说,我们可以通过有意识的自我暗示,将有益于成功的积极思想和意识,洒到潜意识的土壤里,并在成功过程中减少因考虑不周和疏忽大意等招致的破坏性后果,全力拼搏,不达目的不罢休。所以，你通过想象不断地进行积极的自我暗示，很可能会成为一个杰出者。

强悍的自信心是远离痛苦的唯一方法

自信的释义是：对自己恰当、适度的信心，也是心理健康的重要标志。如果你有了自信，你就是最有魅力的人。做一个不依不靠、独立自主的人，并不一定非得是那种自主创业的强人，但是在内心深处必须要有一个信念，一定要做强者！

俗话说心态决定一切，尤其是你对自己本人的态度，这不仅决定着每一件具体事情的结果，更决定着你将面临一个什么样的命运。

老天对每一个人都是公平的：如果他没给你一个漂亮的面孔，一定会给你相当高的智商；如果没有给你一副苗条的身材，一定会给你一个健壮的身体；如果没有给你白皙的皮肤，一定会给你一张可人的笑脸……总之，不会厚此薄彼。只有最自信的人、最有勇气追求的人才最有魅力可言。

小青是一个极其普通的农村女青年，当年高考落榜后，她不甘消沉，勤奋苦学。后来，她到大城市去打工，日子的艰苦自然能够想象得到。有时一天三餐都吃不饱，可是小青并没有因为生活的艰辛而放弃梦想，她一直坚信自己可以摆脱这种穷苦的生活。

后来，她到一家报社毛遂自荐要当一名记者，她的文笔确实不错，思维很敏捷，并且不要一分工资，因而成功被录用。小青的日常生活就靠写稿来维持。经过几年的努力，她成了一位颇有名气的记者,而且在所有女记者当中,她是最年轻的一位。

自信是成功人生最初的驱动力,是人生的一种积极的态度和向上的激情。在我们周围,有许多人或许没有迷人的外表,或许没有骄人的年龄,但是他们拥有自信,每天都开心地面对工作和生活,给朋友的笑容永远是最灿烂的,声音永远是最甜美的,祝福也是最真诚的。他们总是给人一种赏心悦目、如沐春风的感觉,他们凭着自己的信心去过自己想要的生活,这样的人永远自信快乐。

自卑的人,可以从下面这些途径和方法中找到自己的自信。

1. 挑前面的位置坐

日常生活中,在教室或教堂的各种聚会中,不难发现后排的位置总是先被坐满。大部分选择后面座位的人有个共同点,就是缺乏自信。坐在前面能建立自信,把它作为一个准则试试看。当然,坐在前面会惹人注目,但是要明白,有关成功的一切都是显眼的。

2. 试着当众发言

许多有才华的人却无法发挥他们的长处参与到讨论中,他们并不是不想发言,而是缺乏自信。从积极这个角度来说,尽量地发言会增强自己的信心,不论是赞扬还是批评,都要大胆地说出来,不要害怕自己的话说出来会让人嘲笑,总会有人同意你的意见,所以不要再问自己:"我应该说出来吗?"

该说的时候一定要大声说出来,提高自信心的一个强心剂就是语言能力。一个人如果可以把自己的想法清晰、明确地表达出来,那么他一定具有明确的目标和坚定的信心。

3. 加快自己的走路速度

通常情况下,一个人在工作、情绪上的不愉快,可以从他松散的姿势、懒惰的眼神上看出来。心理学家指出，改变自己的走路姿势和速度，可以改变心理状态。看看周边那些表现出超凡自信心的人，走路的速度肯定比一般人要快一些。从他们的步伐中可以看到这样一种信息：我自信，相信不久之后我就会成功。所以，试着加快自己的走路速度。

4. 说话时，一定要正视对方

眼睛是心灵的窗户，和对方说话时眼神躲躲闪闪就意味着：我犯了错误，我瞒着你做了别的事，怕一接触你的眼神就会穿帮。这是不好的信息。而正视对方就等于告诉他：我非常诚实，我光明正大，我告诉你的话都是真的，我不心虚。想要你的眼睛为你工作，就要让你的眼神专注别人，这样不但能增强自己的信心，而且能够得到别人的信任。

5. 不要顾忌，大声地笑

笑可以使人增强信心，消除内心的惶恐，还能够激发自己战胜困难的勇气。真正的笑不但能化解自己的不良情绪，还能够化解对方的敌对情绪。向对方真诚地展露微笑，相信对方也不会再生你的气了。当你生气时，一定要对自己大声地笑，能大笑的时候就大笑，微微一笑是起不到什么大作用的，只有露齿大笑才能看到成效。

自信的人是最美的，他所散发出来的魅力不会因外表的平凡而有丝毫的减少。要用一种欣赏的眼光看世界，更要用欣赏的眼光看自己。好好欣赏你自己，因为自信，所以你魅力四射，让世界更加五彩缤纷，绚丽多姿。

每个人都有未知的可能性

成功学大师卡耐基曾说:"多数人都拥有自己不了解的能力和机会,都有可能做到未曾梦想的事情。"生活中,许多人都以为自己能力有限,但是只要尽力而为,往往能做出骄人的成绩。其实,每个人身上都隐藏着无穷无尽的潜能,只要在恰当的时机来引爆,他就能做出令自己都无法想象的事情来。

小山真美子是一位年轻的妈妈,她身材矮小。一天,她在楼下晒衣服,忽然发现她4岁的儿子从8楼的家里掉了下来。见此情景,她飞奔过去,赶在孩子落地之前将孩子接在了怀里,俩人仅仅受了一点儿轻伤。这条消息在《读卖新闻》发布后,引起了日本盛田俱乐部的一位法籍田径教练布雷默的兴趣。因为根据报纸上刊出的示意图,他算了一下,从20米外的地方跑过去并接住从25.6米高处落下的物体,必须跑出约每秒9.65米的速度,而这是一个无人能及的短跑速度!

为此,布雷默专门找到小山真美子,问她那天是怎样跑得那么快的。"是对孩子的爱,"小山这样回答,"因为我不能看到他受到伤害!"小山的回答给了布雷默一个重要的启示:人的潜力其实是没有极限的,只要你拥有一个足够强烈的动机!

布雷默回到法国后,专门成立了一家"小山田径俱乐部",把小山的故事作为激励运动员突破自我极限的动力。结果他手下的一位名叫沃勒的运动员在世界田径锦标赛上获得了800米比赛的冠军。当记者问他是怎样在强手如林的比赛中夺冠时,沃勒回答说:"是小山真美子的故事。因为当我在跑道上飞跑时，我就想象我就是小山真美子，是去救我的孩子！"

小山真美子能创造短跑奇迹，靠的是她刹那间迸发出来的巨大潜力。沃勒 800 米比赛夺魁，靠的是对小山真美子救子的激励，从而引爆体内的潜能。

人的潜力是无穷的，有了刺激，才会往前跑、向上跳。有了机会，才知道自己的实力有发挥的空间。

生活中，很多人总是在想，这不可能的，我学历那么低，怎么敢应聘那家公司；我长得不够漂亮，他怎么会喜欢我；我表达能力不好，怎么敢在会议上发言；我五音不全，怎么好意思在大家面前唱歌……事实上，你虽然没有别人英俊潇洒，但你可能身强体壮；你虽然不会琴棋书画，但你可能思维敏捷，逻辑清晰……上帝不会给人全部，但他绝对不会亏待你，所以你一定要做自己的伯乐，发掘自己的潜能。

拿破仑·希尔曾经说过："抱着微小希望，只能产生微小的结果，这就是人生。"美好的人生始自你心里的想象，即你希望做什么事，成为什么人。在你心里的远方，应该稳定地放置一幅自己的画像，然后向前移动并与之吻合。如果你替自己画一幅失败的画像，那么，你必将远离胜利；相反，替自己画一幅获胜的画像，你与成功即可不期而遇。

生命蕴藏着巨大的潜能，这种潜能无法估量。对自己的生命拥有热爱之情，对自己的潜能抱着肯定的想法，这样，生命就会爆发出前所未有的能量，创造令人惊奇的成绩。

要心存盼望地看待未来

对尚未到来的事情，不要总是表现出忐忑不安，而是要心存盼望地看待未来。因为有时候，命运会受控于我们的思想，如果自己希望发生好的事情，那么就可能发生好的事情，但是如果自己一直都在恐惧和不安中度过，那么很可能命运就会顺从你的意愿，给你安排更多的苦难和不幸。

她只是一个平凡而普通的妇人。1937年她丈夫死了，她觉得非常颓丧，而且她几乎一文不名。她写信给她以前的老板李奥罗区先生，请他让她回去做她以前的工作。她以前靠推销《世界百科全书》过活。两年前，她丈夫生病的时候，她把汽车卖了，现在她勉强凑足钱，分期付款才买了一部旧车，又开始出去卖书。

她原本想，再回去做事或许可以帮她摆脱困境。可是要一个人驾车，一个人吃饭，这几乎令她无法忍受。有些区域简直就做不出什么成绩来，虽然分期付款买车的数目不大，她却很难付清。

1938年的春天，她在密苏里州的维沙里市，看到那里的学校条件都很差，路又很坏，很难找到客户，她一个人又孤独又沮丧，有一次甚至想要自杀。她觉得成功是不可能的，活着也没有什么希望。每天早上她都很怕起床面对生活。她什么都怕，怕付不出分期的车款，怕付不出房租，怕没有足够的东西吃，怕她的健康状况变糟而没有钱看医生。让她没有自杀的唯一理由是，她担心她的姐姐会因此而觉得很难过，而且她的姐姐也没有足够的钱来支付自己的丧葬费用。

然而有一天，她读到一篇文章，使她从消沉中振作起来，使她有勇气继续活下去。她永远感激那篇文章里那一句很令人振奋的话："对一个聪明人来说，太阳每天都是新的。"她把这句话打印下来，贴在车子前面的挡风玻璃上，这样，在她开车的时候，就能看见这句话。她发现每次只活一天并不困难，她学会忘记过去，每天早上都对自己说："今天又是新的一天。"

她成功地克服了对孤寂的恐惧和对生存的恐惧。她现在很快活，并对生命保持着热忱和爱。她现在知道，不论在生活上碰到什么事情，都不要害怕；她现在知道，不必惧怕未来；她现在知道，只要活一天，而"对一个聪明人来说，太阳每天都是新的"。

在日常生活中可能会碰到令人兴奋的事情，也同样会碰到令人消极的、悲观的事情，这本来是正常现象，如果我们的思维总是围着那些不如意的事情，就很容易失去前进的动力。因此，我们应尽量做到脑海想的、眼睛看的，以及口中说的都应该是光明的、乐观的、积极的，相信每天的太阳都是新的，明天又是新的一天，发扬向前看的精神才能使我们在事业中获得成功。

古希腊诗人荷马曾说过："过去的事已经过去，过去的事无法挽回。"泰戈尔在《飞鸟集》中也写道："只管走过去，不要逗留着去采了花朵来保存，因为一路上，花朵会继续开放的。"的确，昨日的阳光再美或者风雨再大，也移不到今日的画册，我们为何不好好把握现在，充满希望地面对未来呢？

只要心中有灯，就能驱散黑暗

真正的智者，总是站在有光的地方。太阳很亮的时候，生命就在阳光下奔跑。当太阳熄灭，还会有那一轮高挂的明月。当月亮熄灭了，还有满天闪烁的星星，如果星星也熄灭了，那就为自己点一盏心灯吧。无论何时，只要心灯不灭，就有成功的希望。

紫霄未满月就被白发苍苍的奶奶抱回家。奶奶含辛茹苦把她养到小学毕业，狠心的父母才从外地返家。父母重男轻女，对女儿非常刻薄。她生病时，父母会变本加厉地迫害她，母亲说："我看你就来气，你给我滚，又有河又有老鼠药又有绳子，有志气你就去死。"还残忍地塞给她一瓶"安定"。13岁的小姑娘没有哭，在她幼小的心灵里，萌生了强烈的愿望——她一定要活下去，并且还要活出一个人样来！

被母亲赶出家门，好心的奶奶用两条万字糕和一把眼泪，把她送到一片净土——尼姑庵。紫霄满怀感激地送别了奶奶后，心里波翻浪涌，难道我的生命就只能耗在这没有生气的尼姑庵吗？在尼姑庵，法名"静月"的紫霄得了胃病，但她从不叫痛，甚至在她不愿去化缘而被老尼姑惩罚时，她不皱眉也不哭。但是叛逆的个性正在潜滋暗长。在一个淅淅沥沥的清晨，她揣上奶奶用鸡蛋换来的干粮和卖棺材得来的路费，踏上了西去的列车。几天后，她到了新疆，见到了久违的表哥和姑妈。在新疆，她重返课堂，度过了幸福的半年时光。在姑妈的建议下，她回安徽老家办户口迁移手续。回到老家，她发现再也回不了新疆了，父母要她顶替父亲去厂里上班。

她拿起了电焊枪，那年她才15岁。她没有向命运低头，因为她的心中还有梦。紫霄业余苦读，通过了《写作》《现代汉语》和《文学概论》自学考试。第二年参加高考，她考取了安徽省中医学院。然而她知道因为家庭的原因自己是无法上大学的，这因此成为了她的梦想。

1988年底，紫霄的第一篇习作被《巢湖报》采用，她看到了生命的一线曙光，她要用缪斯的笔来拯救自己。多少个不眠之夜，她用稚拙的笔饱蘸浓情，抒写自己的苦难与不幸，倾诉自己的顽强与奋争。多篇作品飞了出去，耕耘换来了收获，那些心血凝聚的稿件多数被采用，还获了各种奖项。1989年，她抱着自己的作品叩开了安徽省作协的门，成了其中的一员。

文学是神圣的，写作是清贫的。紫霄毅然放弃了从父亲手里接过的"铁饭碗"，开始了艰难的求学生涯。因为她知道，仅凭自己现在的底子，远远不能成大器。她到了北京，在鲁迅文学院进修。为生计所迫，生性腼腆的她当起了报童。骄阳似火，地面晒得冒烟，紫霄挥汗如雨，怯生生地叫卖。天有不测风云，在一次过街时，飞驰而过的自行车把她撞倒了。看着肿起的脚踝，紫霄的第一个反应是这报卖不成了。她没有丧失信心，用那几天卖报赚来的钱补交了学费，只休息了几天，就开始了半工半读的生活。命运之神垂怜她，让她结识了莫言、肖亦农、刘震云、宏甲等作家，有幸亲聆他们的教诲，她感到莫大的满足。

为了节省开支，紫霄住在某空军招待所的一间堆放杂物的仓库里。晚上，这里就成了她的"工作室"，她的灯常常亮到黎明。星期天，她包揽了招待所上百床被褥的浆洗活，有一次她累昏在水池旁，幸遇两位女战士把她背回去，灌了两碗姜汤，她苏醒过后，便接着去干剩下的活。

紫霄后来的经历就要"顺利"得多。随文怀沙先生攻读古文、从军、写作、采访、成名，这一切似乎顺理成章，然而这一切又不平凡。她是一个坚强的女子，是一个不向困难俯首称臣的奇女子。她把困难视作生命的必修课，而她得了满分。

"一个人最大的危险是迷失自己，特别是在苦难接踵而至的时候……命运的天空被涂上一层阴霾，她始终高昂那颗不愿低下的头。因为她胸中有灯，它点燃了所有的黑暗。"一篇采访紫霄的专访在题词中写了这样的话，在主人公心中，那盏灯就是自己永远也未曾放弃过的希望。

了解自己真正的目标是什么

许多人之所以在生活中一事无成，最根本的原因在于他们不知道自己到底要做什么。在生活和工作中，明确自己的目标和方向是非常必要的。只有你知道你的目标是什么、你到底想要做什么之后，你才能够达到自己的目的，你的梦想才会变成现实。

这需要你先静下心来，浮躁不安的心是没法回答自己的问题的。首先你得问自己，你喜欢你现在的生活吗？包括你的工作，你每天做的事，你努力奋斗的某个人生目标，包括你身边的朋友。

如果你觉得很喜欢，那你真的很幸运。对于大多数人来说，可能都会对自己的生活有些抱怨，有些迷茫，那么你就问问自己的内心，自己到底想要做什么？从你曾经的梦想开始忆起，也许你很早以前就有一个梦想，但是随着时间的流逝，你已经将它搁浅了，为什么？你还能找得到原因吗？是因为兴趣发生了改变，还是现实让你不得不掉头？那么你现在的兴趣又是什么？你目前的生活正在你兴趣的轨道上运行吗？或者现实是如何让你放弃梦想的？你真的确定你没法克服现实中的困难吗？

　　看清楚了自己的内心，了解了自己的兴趣所在，那么，分析一下你感兴趣的事情的现实可能性吧！不是你想要做什么，就一定能做到的。也许你只是羡慕那件事光鲜的一面，比如，电影明星、舞蹈演员等，你看到的是他们风光美丽的一面，你以为你很想做这样的事，你又怎能了解这些事背后的故事。所以，全面了解你想做的事，包括它的好处和坏处，看看你是否真的是那么想做，最重要的，是看你是否真的能做到，你确定你能一直坚持下去，永远不放弃吗？如果可以，那么，不要犹豫，赶快行动吧！

第二章

先把强大的自己找回来

　　一个自信的人,他不会承认自己比别人弱小,他更不会说:"我不自信!"相反,他常会说:"我是最好的!我是最棒的!我是最优秀的!"久而久之,他就真的成了最好、最棒、最优秀的了!因为他以此为目标,不断地朝着这个目标前进,所以不会回头,不会犹豫和退缩!尽管你职务不高,薪水不多,可是,离开了工作岗位,你和别人一样,都是平等的,没有什么不同。对任何人,都用一样的态度,而不必谄媚,不必刻意讨好。对任何人都不卑不亢,你就是你,你不比任何人矮一截,大家在人格上都是平等的。

每个生命都从不卑微

著名企业家迈克尔出身贫寒，家境穷困潦倒。在从商以前，他曾是一家酒店的服务生，干的就是替客人搬运行李、擦车的活。

有一天，一辆豪华的劳斯莱斯轿车停在酒店门口，车主人吩咐一声："把车洗洗。"迈克尔那时刚刚中学毕业，还没有见过世面，从未见过这么漂亮的车子，不免有几分惊喜。他边洗边欣赏这辆车，擦完后，忍不住拉开车门，想上去享受一番。这时，正巧领班走了出来，"你在干什么？穷光蛋！"领班训斥道，"你不知道自己的身份和地位吗？你这种人一辈子也不配坐劳斯莱斯！"

受辱的迈克尔从此发誓："这一辈子我不但要坐上劳斯莱斯，还要拥有自己的劳斯莱斯！"

他的决心是如此强烈，以至于成了他人生的奋斗目标。许多年以后，当他事业有成时，果然买了一辆劳斯莱斯轿车！如果迈克尔也像领班一样认定自己的命运，那么，也许今天他还在替人擦车、搬运行李，最多做一个领班。

霍兰德说："在最黑的土地上生长着最娇艳的花朵，那些最伟岸挺拔的树木总是在最陡峭的岩石中扎根，昂首向天。"而高普更是一语道破天机，他说："并非每一次不幸都是灾难，早年的逆境通常是一种幸运，与困难做斗争不仅磨炼了我们的人生，也为日后更为激烈的竞争准备了丰富的经验。"

美国NBA男子职业联赛中有一个夏洛特黄蜂队，黄蜂队有一位身高仅1.60米的运动员，他就是蒂尼·伯格斯——NBA最矮的球星。伯格斯这么矮，怎么能在巨人如林的篮球场上竞技，并且跻身大名鼎鼎的NBA球星之列呢？这是因为伯格斯的自信。

伯格斯自幼十分喜爱篮球，但由于身材矮小，伙伴们瞧不起他。有一天，他很伤心地问妈妈："妈妈，我还能长高吗？"妈妈鼓励他："孩子，你能长高，长得很高很高，会成为人人都知道的大球星。"从此，长高的梦像天上的云在他心里飘动着，每时每刻都闪烁着希望的火花。

"业余球星"的生活即将结束了，伯格斯面临着更严峻的考验——1.60米的身高能打好职业赛吗？

伯格斯横下心来，决定要在高手如云的NBA赛场上闯出自己的一片天地。"别人说我矮，反倒成了我的动力，我偏要证明矮个子也能做大事情。"在威克·福莱斯特大学和华盛顿子弹队的赛场上，人们看到蒂尼·伯格斯简直就是个"地滚虎"，从下方来的球90%都被他收走……

后来，凭借精彩出众的表现，蒂尼·伯格斯加入了实力强大的夏洛特黄蜂队，在他的一份技术分析表上写着：投篮命中率50%，罚球命中率90%……

一份杂志专门为他撰文，说他个人技术好，发挥了矮个子重心低的特长，成为一名使对手害怕的断球能手。"夏洛特的成功在于伯格斯的矮",不知是谁喊出了这样的口号。许多人都赞同这一说法,许多广告商也推出了"矮球星"的照片,上面是伯格斯淳朴的微笑。

成为著名球星的伯格斯始终牢记着当年妈妈鼓励他的话,虽然他没有长得很高很高,但可以告慰妈妈的是,他已经成为人人都知道的大球星了。

其实,每个生命都不卑微。在我们的生活中,也许我们常常会看到这样的人,他们因自己角色的卑微而否定自己的智慧,因自己地位的低下而放弃自己的梦想,有时甚至因被人歧视而消沉,因不被人赏识而苦恼。这个时候,我们就应该给予他们更多的支持和鼓励,而不是冷漠的鄙视和嘲笑。

勇敢地做自己的上帝

人生总是会遇到不顺的情况,很多人处于不利的困境时总期待借助别人的力量改变现状,殊不知,在这个世界上,最可靠的人不是别人,而是你自己,为何总想着依赖别人,而不是依赖自己呢?在这个世界上,你要勇敢地做你自己的上帝,因为,你的命运只能由你自己来主宰。

从事个性分析的专家罗伯特·菲利浦有一次在办公室接待了一位因自己开办的企业倒闭、负债累累、离开妻女四处为家的流浪者。那人进门打招呼说:"我来这,是想见见这本书的作者。"说着,他从口袋里拿出一本名为《自信心》的书，那是罗伯特多年前写的。流浪者说："一定是命运之神在昨天下午把这本书放入我的口袋里的，因为我当时决定跳入密歇根湖，了此残生。我已经看破一切，认为一切已经绝望，所有的人（包括上帝在内）已经抛弃了我。但还好，我看到了这本书，它使我产生了新的看法，为我带来了勇气及希望，并支持我度过昨天晚上。我已下定决心，只要我能见到这本书的作者，他一定能协助我再度站起来。现在，我来了，我想知道你能替我这样的人做些什么。"

在他说话的时候，罗伯特从头到脚打量着这位流浪者，发现他眼神茫然、神态紧张。这一切都显示，他已经无可救药了，但罗伯特不忍心对他这样说。因此，罗伯特请他坐下，要他把自己的故事完完整整地说出来。

听完流浪汉的故事，罗伯特想了想，说："虽然我没有办法帮助你，但如果你愿意的话，我可以介绍你去见一个人，他可以帮助你赚回你所损失的钱，并且协助你东山再起。"罗伯特刚说完，流浪汉立刻跳了起来，抓住他的手，说道："看在上天的分上，请带我去见这个人。"

他会为了"上天的分上"而提此要求，显示他心中仍然存在着一丝希望。所以，罗伯特拉着他的手，引导他来到从事个性分析的心理试验室，和他一起站在一块窗帘之前。罗伯特把窗帘拉开，露出一面高大的镜子，罗伯特指着镜子里的流浪汉说："就是这个人。在这个世界上，只有这个人能够使你东山再起，除非你坐下来，彻底认识这个人——当作你从前并未认识他——否则，你只能跳到密歇根湖里。因为在你对这个人未作充分的认识之前，对于你自己或这个世界来说，你都将是一个没有任何价值的废物。"

流浪汉朝着镜子走了几步，用手摸摸他长满胡须的脸孔，对着镜子里的人从头到脚打量了几分钟，然后后退几步，低下头，开始哭泣起来。过了一会儿，罗伯特领他走出电梯间，送他离去。

几天后，罗伯特在街上碰到了这个人。他不再是一个流浪汉的形象，他西装革履，步伐轻快有力，原来的衰老、不安、紧张的模样已经消失不见。他说，感谢罗伯特先生让他找回了自己，并很快找到了工作。

后来，那个人真的东山再起，成为芝加哥的富翁。

人要勇敢地做自己的上帝，因为真正能够主宰自己命运的人就是自己，当你相信自己的力量之后，你的脚步就会变得轻快，你就会离成功的目标越来越近。只有做自己的上帝，你才能充分发挥你自身的潜能。如果你还在等待别人的帮助，那就在这一刻改变吧。

从21世纪人才的竞争来看，社会对人才素质的要求是很高的，除了具备良好的身体素质和智力水平，还必须具备生存意识、竞争意识、科技意识，以及创新意识。这就要求我们从现在开始注重对自己各方面能力的培养，只有使自己成为一个全面的、高素质的人，才可能在未来的竞争中站稳脚跟，取得成功。

人若失去自我，是一种不幸；人若失去自主，则是人生最大的缺憾。赤、橙、黄、绿、蓝、靛、紫，每个人都应该有自己的一片天地和特有的亮丽色彩。你应该果断地、毫无顾忌地向世人宣告并展示你的能力、你的风采、你的气度、你的才智。在生活的道路上，必须自己做选择，不要总是踩着别人的脚印走，不要总是听凭他人摆布，而要勇敢地驾驭自己的命运，调控自己的情感，做自己的主宰，做命运的主人。

善于驾驭自我命运的人，是最幸福的人。只有摆脱了依赖，抛弃了拐杖，具有自信、能够自主的人，才能走向成功。自立自强是走入社会的第一步，是打开成功之门的金钥匙。

真正的自助者是令人敬佩的觉悟者，他会藐视困难，而困难也会在他面前轰然倒地。

行动起来，因为只有你自己才能真正帮助自己。依赖别人，不如期待自己。

我们真正恐惧的其实只是恐惧本身

自卑使他们不敢主动与人交往，不敢在公共场合发言，消极应付工作和学习，不思进取。古人说，"有长必有短，有明必有暗"，所以每个人都是一样的，人人都有自卑的一面。而在通往成功的路上，只有战胜自卑，才能成为一个自信的成功者。

米勒太太年纪轻轻就已经是有作品出版的作家，可是仍然举止笨拙，常感自卑。她有点儿胖，因此她总是觉得衣服穿在别人身上比较好看。她在赴宴会之前要打扮好几个小时，可是一走进宴会厅就会感到自己一团糟，总觉得每个人都在对她评头论足，在心里耻笑她。

有一天晚上，米勒太太忐忑不安地去参加一个宴会，在门外碰见一位年轻女士。"你也是要进去的吗？""大概是吧，"她扮了个鬼脸，"我一直在附近徘徊，想鼓起勇气进去，可是我很害怕。我总是这样子的。""为什么？"米勒太太在灯光下看看她，觉得她很漂亮。"我也害怕得很。"米勒太太坦言，她们都笑了，不再那么紧张。她们走向人声嘈杂的地方。米勒太太的紧张心理油然而生。"你没事吧？"她悄悄问道。这是她生平第一次心不在自己身上，而在另一个人身上。这对她自己也有帮助，她们开始和别人谈话，米勒太太开始觉得自己是这群人中的一员，不再是个局外人。

在回家的路上，米勒太太和她的新朋友谈起各自的感受。"觉得怎么样？""我觉得比先前好多了，米勒太太。""我也如此，因为我们并不孤独。"米勒太太想：这句话说得真对！我以前觉得孤立，认为世界其余的人都自信十足，可是如今遇到了一个和自己同样自卑的人，之前我让不安全感吞噬了，根本不会去想别的。现在我得到了另一个启示：会不会有很多人看来谈笑风生，但实际上心中也忐忑不安？米勒太太想起本地报馆那个态度无礼的编辑来，那个编辑似乎总是对她不冷不热的，问他问题，他只草草答复。米勒太太觉得他的目光永远不和自己的目光接触，她总觉得他不喜欢自己，现在，米勒太太怀疑会不会是他怕自己不喜欢他。

第二天去报馆时，米勒太太深吸一口气，对那位编辑说："你好，安德森先生，见到你真高兴！"米勒太太微笑着。以前，她习惯一面把稿子丢在他桌上，一面低声说道："我想你不会喜欢它。"这一次米勒太太改口道："我真希望你喜欢这篇稿子，你的工作一定非常吃力。""的确吃力。"那位编辑叹了口气。米勒太太没有像往常那样匆匆离去，她坐了下来。米勒太太问起他的家人，那位编辑露出了微笑，严峻的脸变得柔和起来。米勒太太感到自己自在多了。

哈佛大学拉德克利夫女子学院的海伦·凯勒说："对于凌驾于命运之上的人来说，信心是命运的主宰。"自卑就是一种过多的自我否定而产生的自我贬低的情绪体验，是一种认为自己在某些方面不如他人的自我意识和自己瞧不起自己的消极心理，是由主观和客观原因造成的。长期被自卑情绪笼罩的人，一方面感到自己处处不如别人，一方面又害怕别人瞧不起自己，逐渐形成了敏感多疑、胆小孤僻等不良的个性特征。就像最初的米勒太太那样。

从现在起，不再对自己进行否定

英国著名政治改革家和道德家塞缪尔·斯迈尔斯认为，一个人必须养成肯定事物的习惯。如果不能做到这一点，即使潜在意识能产生更好的作用，仍旧无法实现愿望。与肯定性的思考相对的，就是否定性的思考，凡事以积极的方式即是肯定，而以消极的方式则是否定。

人类的思考容易向否定的方向发展，所以肯定思考的价值愈发重要。如果经常抱着否定的想法，必然无法期望理想人生的降临。有些人嘴里硬说没有这种想法，事实上已经受到潜在意识的不良影响了。

有些人经常否定自己，"凡事我都做不好""人生毫无意义可言，整个世界只是黑暗""过去屡屡失败，这次也必然失败""没有人肯和我结婚""我是个不善交际的人"……持这类想法的人，生活往往不快乐。

当我们问及此种想法由何产生，得到的回答多半是："这是认清事实的结果。"尤其是忧郁者，他们会异口同声地说："我想那是出于不安与忧虑吧！我也拿自己没办法。"然而，换一个角度去想，现实并不如你所想象的那么糟，例如有些人会想："我虽然一无是处，但也过得自得其乐，不是吗？"

肯定自我，有了乐观而积极的想法，你才会找到新的人生方向和意义。诸如失恋、失业之类的残酷事实，有时会不可避免地发生，但千万不要因此而绝望地否定自己，从此一蹶不振。肯定思考不涉及任何意念智慧的高低，而全赖思考的层面而定，亦即对于事物所思考的结果。

当人处于绝望状态时，更应肯定思考，如在人生遭遇悲惨的时刻告诉自己："与其呼天唤地，不如以积极的态度来面对。"

俩兄弟相伴去遥远的地方寻找人生的幸福和快乐。他们一路上风餐露宿，在即将到达目的地的时候，遇到了一条风急浪高的大河，而河的彼岸就是幸福和快乐的天堂。关于如何渡过这条河，两个人产生了不同的意见，哥哥建议采伐附近的树木造成一条木船渡过河去，弟弟则认为无论哪种办法都不可能渡得了这条河，与其自寻死路，不如等这条河流干了，再轻轻松松地走过去。

于是，建议造船的哥哥每天砍伐树木，辛苦而积极地制造木船，同时也学会了游泳；而弟弟则每天躺在床上睡觉，然后到河边观察河水流干了没有。直到有一天，已经造好船的哥哥准备扬帆的时候，弟弟还在讥笑他的愚蠢。

不过，哥哥并不生气，临走前只对弟弟说了一句话："你没有去做这件事,怎么知道它不会成功呢?"

能想到等河水流干了再过河,这确实是一个"伟大"的创意,可惜这是个注定永远失败的创意。这条大河终究没有干枯,而造船的哥哥经过一番风浪最终到达彼岸,俩人后来在这条河的两岸定居了下来,也都有了自己的子孙后代。河的一边叫幸福和快乐的沃土,生活着一群我们称之为积极思考的人;河的另一边叫失败和失落的荒地,生活着一群我们称之为消极空虚的人。

积极和消极这两种截然相反的心态会带给人们巨大的反差。如果以消极的态度来对待一件事,这种态度就决定了你不能出色地完成任务;只有以积极的态度来对待,你才能出色地、超乎寻常地完成这件事。当然,持有消极心态的人并非完全不能转变成一个具有积极心态的人。

总之,任何事物都有两面性,至于我们所知所欲的境地,其实都是基于自己将意愿刻印在潜意识中的结果之故。如果对此一味悲哀,或无所适从,不但无法改变目前状况,也很难实现人生理想。所以说,即使身处绝境,仍应保持肯定的思考态度,积极的思考能使你集中所有的精力去成就一番事业。

自卑就是对自己的抱怨

自卑就是对自己的抱怨。抱怨自己,就会在士气上削减自己的能量,使自己变得更加懦弱,更加没有信心。

自卑的人，情绪低沉，郁郁寡欢，常因害怕别人看不起自己而不愿与人来往，只想与人疏远，缺少朋友，顾影自怜，甚至自疚、自责、自罪；自卑的人，缺乏自信，优柔寡断，毫无竞争意识，抓不住稍纵即逝的机会，享受不到成功的乐趣；自卑的人，常感疲劳，心灰意懒，注意力不集中，工作没有效率，缺少生活情趣。

如果一个人总是沉迷在自卑的阴影中，那无异于给自己套上了无形的枷锁。但是如果能够认清自己，懂得换个角度看待周围的世界和自己的困境，那么许多问题就会迎刃而解了。

一位父亲带着儿子去参观凡·高故居，在看过那张小木床及裂了口的皮鞋之后，儿子问父亲："凡·高不是位百万富翁吗？"父亲答："凡·高是位连妻子都没娶上的穷人。"

第二年，这位父亲带儿子去丹麦，在安徒生的故居前，儿子又困惑地问："爸爸，安徒生不是生活在皇宫里吗？"父亲答："安徒生是位鞋匠的儿子，他就生活在这栋阁楼里。"

这位父亲是一个水手，他每年往来于大西洋的各个港口；这位儿子叫伊东布拉格，是美国历史上第一位获普利策奖的黑人记者。20年后，在回忆童年时，他说："那时我们家很穷，父母都靠卖苦力为生。有很长一段时间，我一直认为像我们这样地位卑微的黑人是不可能有什么出息的。好在父亲让我认识了凡·高和安徒生，这两个人告诉我，上帝没有轻看卑微。"

富有者并不一定伟大，贫穷者也并不一定卑微。上帝是公平的，他把机会放到了每个人面前，自卑的人也有相同的机会。

自卑常常在不经意间闯进我们的内心世界，控制着我们的生活，在我们有所决定、有所取舍的时候，向我们勒索着勇气与胆略；当我们碰到困难的时候，自卑会站在我们的背后大声地吓唬我们；当我们要大踏步向前迈进的时候，自卑会拉住我们的衣袖，叫我们小心地雷。一次偶然的挫败就会令你垂头丧气，一蹶不振，将自己的一切予以否定，你会觉得自己一无是处，窝囊至极，你会掉进自罪的旋涡。

自卑就像蛀虫一样啃噬着你的人格，它是你走向成功的绊脚石，它是快乐生活的拦路虎。如果一个人很自卑，那他不仅不会有远大的目标，他也永远不会出类拔萃。

自卑是一种压抑，一种自我内心潜能的人为压抑，更是一种恐惧，一种损害自尊和荣誉的恐惧。所以，我们只有比别人更相信并且珍爱自己，才能发挥自己最大的潜力，开创出属于自己的天地。

克服自卑的 11 种方法

自卑，就是自己轻视自己，认为自己不如别人。自卑心理严重的人，并不一定就是他本人具有某种缺陷或短处，而是不能悦意容纳自己，自惭形秽，常把自己放在一个低人一等，不被自己喜欢，进而演绎成别人看不起的位置，并由此陷入不能自拔的境地。

自卑的人心情低沉，郁郁寡欢，常因害怕别人瞧不起自己而不愿与别人来往，只想与人疏远，他们缺少朋友，甚至自责、自罪；他们做事缺乏信心，没有自信，优柔寡断，毫无竞争意识，享受不到成功的喜悦和欢乐,因而感到疲劳,心灰意懒。

征服畏惧,战胜自卑,不能夸夸其谈,止于幻想,而必须付诸实践,见于行动。建立自信最快、最有效的方法,就是去做自己害怕的事,直到获得成功。

1. 认清自己的想法

有时候,问题的关键是我们的想法,而不是我们想什么事情。人的自卑心理来源于心理上的一种消极的自我暗示,即"我不行"。正如哲学家斯宾诺莎所说:"由于痛苦而将自己看得太低就是自卑。"这也就是我们平常说的自己看不起自己。悲观者往往会有抑郁的表现,他们的思维方式也是一样的。所以先要改变带着墨镜看问题的习惯,这样才能看到事情乐观的一面。

2. 放松心情

努力放松心情,不要想不愉快的事情。或许你会发现事情并没有原来想的那么严重,会有一种豁然开朗的感觉。

3. 幽默

学会用幽默的眼光看事情,轻松一笑,你会觉得其实很多事情都很有趣。

4. 与乐观的人交往

与乐观的人交往,他们看问题的角度和方式,会在不知不觉中感染你。

5. 尝试小小的改变

先做一点小的尝试。比如,换个发型,画个淡妆,买件以前不敢尝试的比较时髦的衣服……看着镜子中的自己,你会觉得心情大不一样,原来自己还有这样的一面。

6.寻求他人的帮助

寻求他人的帮助并不是无能的表现，有时候当局者迷，当我们在悲观的泥潭中拔不出来的时候，可以让别人帮忙分析一下，换一种思考方式，有时看到的东西就大不一样。

7.要增强信心

只有自己相信自己，乐观向上，对前途充满信心，并积极进取，才是消除自卑、走向成功的最有效的补偿方法。悲观者缺乏的，往往不是能力，而是自信。他们往往低估了自己的实力，认为自己做不来。记住一句话：你说行就行。事情摆在面前时，如果你的第一反应是我能行，那么你就会付出自己最大的努力去面对它。同时，你知道这样继续下去的结果是那么诱人，当你全身心投入之后，最后你会发现你真的做到了。反之，如果认为自己不行，自己的行为就会受到这个念头的影响，从而失去太多本该珍惜的好机会，因为你一开始就认为自己不行，最终失败了也会为自己找到合理的借口："瞧，当初我就是这么想的，果然不出我所料！"

8.正确认识自己

对过去的成绩要做分析。自我评价不宜过高，要认识自己的缺点和弱点，充分认识自己的能力、素质和心理特点。要有实事求是的态度，不夸大自己的缺点，也不抹杀自己的长处，这样才能确立恰当的追求目标。特别要注意对缺陷的弥补和优点的发扬，将自卑的压力变为发挥优势的动力，从自卑中超越。

9.客观全面地看待事物

具有自卑心理的人，总是过多地看重自己不利、消极的一面，而看不到有利、积极的一面，缺乏客观全面地分析事物的能力和信心。这就要求我们努力提高自己透过现象抓本质的能力，客观地分析对自己有利和不利的因素，尤其要看到自己的长处和潜力，而不是妄自嗟叹、妄自菲薄。

10. 积极与人交往

不要总认为别人看不起你而离群索居。你自己瞧得起自己，别人也不会轻易小看你。能不能从良好的人际关系中得到激励，关键还在于自己。要有意识地在与周围人的交往中学习别人的长处，发挥自己的优点，多在群体活动中培养自己的能力，这样可预防因孤陋寡闻而产生的畏缩躲闪的自卑感。

11. 在积极进取中弥补自身的不足

有自卑心理的人大多比较敏感，容易接受外界的消极暗示，从而愈发陷入自卑中不能自拔。而如果能正确对待自身的缺点，变压力为动力，奋发向上，就会取得一定的成绩，从而增强自信，摆脱自卑。

自信，人生才能有幸

小泽征尔是世界著名的交响乐指挥家，他的成功有一个很有名的故事。

在一次世界级优秀指挥家大赛的决赛中，小泽征尔按照评委会给出的乐谱指挥演奏。在演奏过程中他敏锐地发现了不和谐的声音。起初，他以为是乐队演奏出了问题，就停下来重新指挥演奏，但还是不对。再三考虑后，他觉得是乐谱有问题，于是再次停下来向评委会提出自己的看法。这时，在场的作曲家和评委会的权威人士无一例外地坚持说乐谱绝对没有问题，是他错了。面对一大批音乐大师和权威人士，小泽征尔思考再三，最后斩钉截铁地大声说："不！一定是乐谱错了！"话音刚落，评委席上的评委们立即站起来，对他报以热烈的掌声和不住的赞叹，祝贺他赢得了整场比赛。

原来，这是评委们精心设计的"圈套"，以此来检验指挥家在发现乐谱错误并遭到权威人士集体否定的情况下，能否坚持自己的正确主张，不被权威言论干扰。前两位参加决赛的指挥家虽然也发现了错误，但终因不相信自己的想法而附和权威们的意见而被淘汰。小泽征尔却因充满自信而摘取了世界指挥家大赛的桂冠。

从小到大，我们听过长辈无数次的教诲要对自己有信心，要自信，可每到关键时刻都会不由自主地怀疑自己。我可以吗？我真的行吗？等事情结束了又在抱怨："如果当初坚持我的看法就好了，我明明是对的。"我们就在自己的抱怨声中错过了一次又一次接近成功的机会。

拳击运动员在看准目标后，收拢五指，攥紧拳头，积聚全身的力量用力出击，一拳又一拳地打在对手身上，扎扎实实。我们看到的是力量。

春天小草破土而出，歪歪斜斜地扎根在属于它的土壤里，即便忍受风吹雨打，即便遭人践踏，仍然顽强地生存着。我们看到的是韧性。

诸葛亮大开城门，城楼抚琴，童子侍立，卒扫西街，虽无兵迎敌，却逼得司马懿引兵而退。我们看到的是沉着冷静，气若神闲。

很多时候，自信对我们而言，就是一种积蓄了很久突然迸发出的力量，是来自生命力中不屈不挠的韧性，是内心的淡定和坦然。孔子说，"仁者不忧，智者不惑，勇者不惧"，能做到不忧、不惑、不惧的人，内心必然是无比强大和自信的。不看重外在世界的纷繁变化，不在意个人利益的得与失，内心的强大与坦然，能够化解许许多多的遗憾。而内心的这份强大与坦然，就是来自自信，只有相信自己，才能调动起你所有向上的潜能。

萧伯纳曾经说过，"有信心的人，可以化渺小为伟大，化平庸为神奇"。俗话说，能登上金字塔的生物只有两种，老鹰和蜗牛。虽然我们不能人人都能像雄鹰一样展翅翱翔、一飞冲天，但至少我们可以像蜗牛那样凭着自己的信念和耐力不断前行。

每个人生来都是不同的个体，但我们每个人都有对生活的热爱，有对高尚的渴望，有对真理的追求。自信能让我们感到生命的活力，保持勇往直前、奋发向上的劲头。人生需要进取的力量，而自信是和力量能正比的。只有具备了足够进取力量的认识，才是激昂向上的人生。但是，在这个过程中，我们要认清自己，不能盲目自信。每个人都有优点，自信是在内心提醒自己看到自己的优点，从而把优点变成行动力，而不是明知做不到却故意为之。蜗牛可以爬上金字塔，但如果说它也能翱翔在蓝天，那就是自欺欺人了。

如果把我们的生命比作一片沃土，那么，自信心就是一粒生命的种子，它深藏在每个人心里，随时都可能发芽并开出绚烂夺目的花朵。不要让属于你的这粒生命种子永远埋在土里。

勇于将愿望付诸行动

有一位老教授,一生爱好收藏,早年收藏了许多价值连城的古董。他的老伴很早就死了,留下三个孩子。后来,孩子们长大以后就出国了,很少回来看他。

孩子不在身边,老教授一直很寂寞,所幸还有一个昔日的学生经常来陪着他。

许多人都说:"这位年轻人放着自己的正事不干,成天陪着老头子,好像很孝顺的样子,他这样做都是为了老头子的钱!"

老教授的孩子们,也常从国外打电话回来,叮咛老教授务必小心,千万不要被骗。

"我当然知道,"老教授总是这么说,"我又不是傻瓜。"

后来老教授死了。律师宣读遗嘱时,三个孩子都从国外赶回来,老教授的那一位学生也到了。遗嘱宣读之后,三个孩子的脸都绿了,因为听到老教授居然把大半的收藏都留给了那个学生。

同时,老教授在遗嘱上向孩子们解释说:"我知道他可能看上我的古董收藏。但是,在我寂寞的晚年,只有他才是真正照顾我的人!孩子们尽管爱我,但是说在嘴里、挂在心上,却从不伸出手来照顾我。就算我这位学生的热心都是假的,但是,能够这样陪我、照顾我十几年,连句怨言都没有,这是你们都没有做到的。"

诚如老教授所说,只是在嘴上说出美好的愿望却没有实际行动的人是多么不正常和不真诚啊,虽然我们在做事情的时候没有必要提前宣布,但我们必须要在行动中表现出我们的愿望。尽管行动有时候并不能帮助我们达成自己的愿望,但是没有行动的愿望就只能是空想,它永远都不可能被落实在生活的深处。

有一个一贫如洗的年轻人总是想着如何能够摆脱贫穷,但又不想付诸行动,于是他每隔两三天就到教堂祈祷,而且他的祷告词几乎每次都相同。

第一次他到教堂时,跪在圣坛前,虔诚地低语:"上帝啊,请念在我多年来敬畏您的分上,让我中一次彩票吧!"

几天后,他又垂头丧气地回到教堂,同样跪着祈祷:"上帝啊,为何不让我中彩票?我愿意更谦卑地来服侍您,求您让我中一次彩票吧!"

又过了几天,他再次出现在教堂,同样重复着他的祈祷。如此周而复始,他不间断地祈求着。

到了最后一次,他跪着说:"我的上帝,您为什么不垂听我的祈求呢?让我中彩票吧!只要一次,让我解决所有困难,我愿终身奉献,专心侍奉您。"

就在这时,圣坛上空发出了一阵宏伟庄严的声音:"我一直在垂听你的祷告。可是——最起码,你老兄也该先去买一张彩票吧!"

现实生活中没有如此愚蠢的事,但却有如此愚蠢的人。心中有好的想法却不愿或不敢行动起来,类似的事情在你身上也可能发生。仔细想想:你是不是常常渴望成功,却没有为成功做出过一丝一毫的努力?

你应该懂得,要成功,光有愿望是不够的,还必须拥有一定要成功的决心，配合确切的行动，坚持到底，方能成功。

行动，是通往成功的清幽小路。只有下定决心，历经学习、奋斗、成长这些不断的行动，才有资格摘下成功的甜美果实。而大多数的人，在开始时都拥有很远大的梦想，如同故事中那位祈祷者。但却从未掏腰包真正去买过一张彩票。缺乏决心与实际行动的梦想，于是开始萎缩，种种消极与不可能的思想衍生，甚至于就此不敢再存任何梦想，过着随遇而安、乐于知命的平庸生活。

这也是为何成功者总是占少数的原因。了解了一些成功哲学后的你，是否真心愿意在此刻为自己的理想，认真地下定追求到底的决心，并且马上行动呢？

认识自己，接受自己

有一个叫爱丽莎的美丽女孩，总是觉得自己没有人喜欢，总是担心自己嫁不出去。她认为自己的理想永远实现不了，她的理想也是每一位妙龄女郎的理想：和一位潇洒的白马王子结婚、白头偕老。爱丽莎总以为别人都有这种幸福，自己却一直被幸福拒之于外。

一个周末的上午，这位痛苦的姑娘去找一位有名的心理学家，因为据说他能解除所有人的痛苦。她被请进了心理学家的办公室，握手的时候，她冰凉的手让心理学家的心都颤抖了。他打量着这个忧郁的女孩，她的眼神呆滞而绝望，声音仿佛来自墓地。她的整个身心都好像在对心理学家哭泣着："我已经没有指望了！我是世界上最不幸的女人！"

心理学家请爱丽莎坐下，跟她谈话，心里渐渐有了底。最后他对爱丽莎说："爱丽莎，我会有办法的，但你得按我说的去做。"他要爱丽莎去买一套新衣服，再去修整一下自己的头发，他要爱丽莎打扮得漂漂亮亮的，告诉她星期一他家有个晚会，他要请她来参加。爱丽莎还是一脸闷闷不乐，对心理学家说："就是参加晚会我也不会快乐。谁需要我？我能做什么呢？"心理学家告诉她："你要做的事很简单，你的任务就是帮助我照顾客人，代表我欢迎他们，向他们致以最亲切的问候。"

星期一这天，爱丽莎衣衫合适、发式得体地来到晚会上。她按照心理学家的吩咐尽职尽责，一会儿和客人打招呼，一会儿帮客人端饮料，她在客人间穿梭不停，来回奔走，始终在帮助别人，完全忘记了自己。她眼神活泼，笑容可掬，成了晚会上的一道彩虹，晚会结束后，有三位男士自告奋勇要送她回家。

在随后的日子里，这三位男士热烈地追求着爱丽莎，她终于选中了其中的一位，让他给自己戴上了订婚戒指。不久，在婚礼上，有人对这位心理学家说："你创造了奇迹。""不，"心理学家说，"是她自己为自己创造了奇迹。人不能总想着自己，怜惜自己，而应该想着别人，体恤别人，爱丽莎懂得了这个道理，所以变了。所有的女人都能拥有这个奇迹，只要你想，你就能让自己变得美丽。"

我们的眼睛的作用是：一只眼睛观察世界，一只眼睛发现自己。学会发现自己的优点，这是我们共同的义务，也是寻找自己的优势、挖掘潜能的重要方式。事实上，爱丽莎对自身产生怀疑，归根结底是因为没有发掘出自己的闪光点，她看到了别人的精彩，却错失了自己的光彩。其实，每个人都是自己最优秀的载体，接受自己，你并不是一无是处。

一切均由爱自己开始

爱，首先从自己开始，只有学会爱自己，才能学会爱他人、爱世界。爱自己不是一种自私行为，我们这里所说的爱并不是虚荣、贪婪、傲慢、自命不凡，而是一种善待自己，对自己无条件接受的行为。如果你能够认识到自己是一个有自尊心的综合体，如果你能够注意养生，保持自己的身心健康，那你就已经学会爱自己了。

我们应该懂得，我们有足够的理由爱自己：一是只有自己才是属于自己的；二是只有热爱自己，才能热爱他人，热爱世界。

我们没有蓝天的深邃，但可以有白云的飘逸；我们没有大海的辽阔，但可以有小溪的清澈；我们没有太阳的光耀，但可以有星星的闪烁；我们没有苍鹰的高翔，但可以有小鸟的低飞。每个人都有自己的位置，每个人都能找到属于自己的位置。我们应该相信：正因为有了千千万万个"我"，世界才变得丰富多彩，生活才变得美好无比。

认认真真爱自己一回吧——这一回是一百年。

著名心理学家雅力逊指出，人要先爱自己才懂得去爱别人。因为只有视自己为有价值、有清晰的自我形象的人，才可以有安全感、有胆量去爱别人。

爱自己，或称自爱，是与自私、以自我为中心不同的一种状态。

自私、以自我为中心是一切以私利为重，不但不替别人着想，更可能无视他人利益，为求达到目的不择手段。爱自己，就要会照顾和保护自己、喜欢自己、欣赏自己的长处，同时也要接受自己的短处，从而努力完善自己。

在这种心态之下，我们会学会不少自处之道，更可活学活用于人际关系之中。在接受自己之后，便开始会有容人的雅量；在懂得欣赏自己之后，便会明白如何欣赏别人；在掌握保护自己的方法之后，亦会悟出"防人之心不可无，害人之心不可有"的道理，也许这就是推己及人的真谛。

一个不爱自己的人，是不会明白爱别人以及接纳别人的。因此，一切均得由爱自己开始。心理学家伯纳德博士说："不爱自己的人崇拜别人，但因为崇拜，会使别人看起来更加伟大而自己则更加渺小。他们羡慕别人，这种羡慕出自内心的不安全感——一种需要被填满的感觉。可是，这种人不会爱别人，因为爱别人就要肯定别人的存在与成长，他们自己都没有的东西，当然也不可能给予别人。"

每个人都有缺点，要想与人建立良好的人际关系，就必须首先接受并不完美的自己。谁都不可能十全十美，所以我们必须正视自己、接受自己、肯定自己、欣赏自己。

一个人如果不爱自己，当别人对他表示友善时，他会认为对方必定是有求于自己，或是对方一定也不怎么样，才会想要和自己为伍。这种人会不断地批评自己，从而使别人感到他有问题而尽量避开他；这种人越是害怕别人了解自己就会越不喜欢自己，所以在别人还没有拒绝之前，其潜意识里就会先破坏别人的好感。总之，不爱自己会导致各种问题的发生。当一个人觉得自己很差劲时，周围的人也会跟着遭殃。

因此，在开始爱别人之前，必须先爱自己。世界就像一面镜子，人与人之间的问题大多是我们与自己之间问题的折射。因此，我们不需要去努力改变别人，只要适当转变一下自己的思想，人际关系就会有所改善。

不把自己的幸福寄托在别人身上

有人在屋檐下躲雨，看见观音菩萨正撑伞走过。这人说："观音菩萨，普度一下众生吧，带我一段如何？"观音菩萨说："我在雨里，你在檐下，而檐下无雨，你不需要我度。"这人立刻跳出檐下，站在雨中："现在我也在雨中了，该度我了吧？"观音菩萨说："你在雨中，我也在雨中，我不被淋，因为有伞；你被雨淋，因为无伞。所以不是我度自己，而是伞度我。你要想度，不必找我，请自己找伞去！"说完便走了。第二天，这人遇到了难事，便去寺庙里求观音菩萨。走进庙里，才发现观音菩萨的像前也有一个人在拜，那个人长得和观音菩萨一模一样，丝毫不差。这人问："你是观音菩萨吗？"那人答道："我是。"这人又问："那你为何还拜自己？"观音菩萨笑道："我也遇到了难事，但我知道，求人不如求己。"

有些人一遇到事，首先想到的是求人帮忙；有些人不管是有事还是没事，总喜欢跟在别人身后，以为别人能解决他的一切疑难，在他们的心里，始终渴望着一根随时可以依靠的拐杖。但实际上，在绝大多数时候，自己才是最可靠的。把自己的幸福寄予在别的灵魂之上是很难获得安全感的。并不是每个人都能像凌霄花那样攀缘高枝炫耀自己，因为这个世界上没有那么多供你依靠的大树。即使有，也是不可靠的，如果大树倒了，你该怎么办？

清代画家郑板桥老年得子，在他临死前让儿子自己去做馒头，并留给儿子这样的遗言："淌自己的汗，吃自己的饭，自己的事自己干。靠天靠人靠祖宗，不算是好汉。"靠自己，用自己勤劳的双手与聪明的大脑才是获得永久幸福的保障。

美国石油大亨老洛克菲勒曾张开怀抱鼓励自己的孩子从桌子上跳下来，可当孩子跳下来的时候老洛克菲勒并没有去接住孩子，而是让孩子记住："凡事要靠自己，不要指望别人，有时连爸爸也是靠不住的！"

在工作中，很多人总是倾向于去依赖别人的帮助，把自己的全部工作量往其他同事身上压，结果不但变成了其他同事避而远之的拖油瓶，自己也无法在工作中得到实际的锻炼。当离开其他同事的帮助时就像失去了骨架的软体动物一样什么事情也做不好。再或者是太相信别人，把所有的希望都寄托在别人身上，最后被敌方往背后戳一小刀毙命。就像《国际歌》中所唱的那样："从来就没有什么救世主，也不靠神仙皇帝，要创造人类幸福，只有依靠人类自己。"自己才是最可靠的，自己的生活是把握在自己手中的，是需要自己去创造的。内因才是根本，当我们在工作中遇到困难的时候，我们不拒绝外界的帮助，但是最主要的还是要依靠自己。摆脱对别人的依赖心理，靠自己创造自己的幸福，应该从以下几个方面着手：

1. 制定一份"自我独立宣言"，树立独立的人格，培养自主的行为习惯。用坚强的意志约束自己，有意识地摆脱对他人的依赖，同时自己要开动脑筋，把要做的事的得失利弊考虑清楚，心里就有了处理事情的主心骨，也就敢于独立处理事情了。

2. 树立人生的使命感和责任感。一些没有使命感和责任感的人，生活懒散，消极被动，常常跌入依赖的泥坑。而具有使命感和责任感的人，都有一种实现抱负的雄心壮志。他们对自己要求严格，做事认真，不敷衍了事、马虎草率，具有一种主人翁精神。这种精神是与依赖心理相悖的。选择了这种精神，你就选择了自我的主体意识，就会因依赖他人而感到羞耻。

3. 当你充满信心去实践自己的主张时，不要太依赖外界的帮助。当你遇到困难时，不要轻易向别人求援或接受他人的帮助。

4. 消除身上的惰性。依赖心理产生的源泉，在于人的惰性。要消除依赖心理，首先要消除身上的惰性。要消除惰性，就得锻炼自己的意志。处理事情的时候，要果敢向前，说做就做，该出手时就出手；还得有灵活的头脑，要善于思考，勤于思考。

第三章

不管世界如何险恶，你只需内心强大

法国大作家雨果说："世界上最广阔的是海洋，比海洋更广阔的是天空，比天空更广阔的是人的胸怀。"包容是一种宠辱不惊，笑看庭前花开花落的清醒剂，是一种使人做到骤然临之而不惊，无故加之而不怒的智慧和定力。包容，鄙视的是斤斤计较、蝇营狗苟和鼠目寸光的行为，崇尚的是磊落坦荡、无私无畏和志存高远的品格；失去的是不平、烦恼和怨恨，得到的是友情、快乐和幸福；抛弃的是狭隘、偏激、小气和毫无意义的你争我斗，得来的是宽广、博大、舒畅的情怀和融洽的人际关系。

遇谤不辩,沉默即宽容

诗曰:"不智之智,名曰真智。蠢然其容,灵辉内炽。用察为明,古人所忌。学道之士,晦以混世。不巧之巧,名曰极巧。一事无能,万法俱了。露才扬己,古人所少。学道之士,朴以自保。"在人生的旅途中,我们会有各种各样的遭遇,许多时候,沉默是最好的矛与盾,进可攻,退可守。

有位修行很深的禅师叫白隐,无论别人怎样评价他,他都会淡淡地说一句:"就是这样吗?"

在白隐禅师所住的寺庙旁,有一对夫妇开了一家食品店,家里有一个漂亮的女儿。夫妇俩发现尚未出嫁的女儿竟然怀孕了。这种见不得人的事,使得她的父母震怒万分!在父母的一再逼问下,她终于吞吞吐吐地说出"白隐"两字。

她的父母怒不可遏地去找白隐禅师理论,但这位大师不置可否,只若无其事地答道:"就是这样吗?"孩子生下来后,就被送给了白隐禅师,此时,他的名誉虽已扫地,但他并不在意,而是非常细心地照顾着孩子——他向邻居乞求婴儿所需的奶水和其他用品,虽不免横遭白眼,或是冷嘲热讽,他总是处之泰然,仿佛他是受托抚养别人的孩子一样。

事隔一年后,这位没有结婚的妈妈,终于不忍心再欺瞒下去了,她老老实实地向父母吐露了真情:孩子的生父其实是住在附近的一位青年。

她的父母立即将她带到白隐禅师那里,向他道了歉,请求他原谅,并将孩子带了回来。

白隐禅师仍然是淡然如水,他只是在交回孩子的时候,轻声说道:"就是这样吗?"仿佛不曾发生过什么事;即使有,也只像微风吹过耳畔,霎时即逝。

白隐禅师为给邻居女儿生存的机会和空间,代人受过,牺牲了为自己洗刷清白的机会。在受到人们的冷嘲热讽时,他始终处之泰然,只有平平淡淡的一句话——"就是这样吗?"雍容大度的白隐禅师令人赞赏景仰。

在面对羞辱、误解、背叛的时候,沉默本身就是一种宽容。只是对于一个世俗人来说,这种宽容会让自己很不好受,是一种疼痛的过程。但对于悟道的人来说,这种宽容是一种快乐,因为它能够感化犯错的人,让他们从内心里反省自己的错误,是一种无声之教。面对这样的沉默,所有语言的力量都是微不足道的。

环视芸芸众生,能做到遭误解、毁谤,不仅不辩解、报复,反而默默承受,甘心为此奉献付出、受苦受难,这样的人有几个呢?

遇谤不辩,是一种多么难得的人生智慧。当诽谤发生后,一味地争辩往往会适得其反,不是越辩越黑便是欲盖弥彰。这时候,往往沉默是金,让清者自清而浊者自浊,这才是明智的选择。诽谤最终会在事实面前不攻自破。在现实生活中,拥有"不辩"的胸襟,就不会与他人针尖对麦芒，睚眦必报；拥有"不辩"的智慧，宽恕永远多于怨恨。

多一些磅礴大气，少一些小肚鸡肠

大度，是一种修养，是一个人健全人格和健康心理的体现。大度也是一种气质，是一个人幸福生活的前提。大度来自人的理念、理想追求及道德修养。要做到大度不小气，首先要眼界宽阔，而不能目光短浅。因为眼界宽阔的人在看问题方面会比较大气，而没有什么见识的人只能囿于自己的小圈子里面，为了鸡毛蒜皮的事情跟人吵得面红耳赤。因此，我们要始终怀着一颗美好的心去观察和认识世界，要用长远的眼光去看问题，只有这样，才能具有宏大而深邃的视野，才能有宽阔的胸襟。

从前有两个人，一个叫提耆罗，一个叫那赖。这两个人神通广大，本领高超，无论是婆罗门、佛家弟子，还是仙人、圣人、龙王及一切鬼神，无不钦佩，都来向他们顶礼膜拜。

一天夜里，提耆罗因长时间诵经感到十分疲乏，先睡了。那赖当时还没有睡，一不小心踩了提耆罗的头，使他疼痛难忍。提耆罗一时心中大怒地说："谁踩了我的头？明天清早太阳升起一竿子高的时候，他的头就会破为七块！"那赖一听，也十分恼怒地叫道："是我误踩了你，你干什么发那么重的咒？器物放在一起还有相碰的时候，何况人和人相处，哪能永远没有个闪失呢？你说明天日出时，我的头就要裂成七块,那好,我就偏不让太阳出来,你看着好了!"

由于那赖施了法术,第二天,太阳果然没有升起来。一连几天过去了,太阳仍没有出现。两个人由于心胸狭窄,不能宽宥对方,从而让整个世界都处在了一片漆黑中。

这个小故事告诉了我们一个深刻的道理:做人要大气、大度,不能够小肚鸡肠,否则对自己也不利。

宽以待人,历来被我国历史上的仁人贤士所推崇。"唯宽可以容人,唯厚可以载物。"有些人却是完全"严以待人,宽以律己"。如果别人稍微做错了一点事情,就借题发挥,破口大骂,完全不顾他人感受,似乎别人就会一错再错,要把别人的尊严踩在脚下。如果自己做错了事情,则可以把黑的说成白的,或者干脆推卸责任。这种人恐怕没有几个人敢去沾惹。在人际关系中,这种小鼻小眼的行为正犯了大忌,一次两次的短期接触还好,长此以往则会招人怨。

曾有王姓的两兄弟,合伙在东莞开办制衣厂。兄弟俩苦苦经营了10年,眼看这家厂有了起色,财源滚滚而来,然而,弟媳却开始怀疑大伯多占了便宜,兄嫂也开始怀疑小叔子暗中多吞了钱财,不久,两兄弟便闹起了"家窝子",又是争权,又是争钱。一个好端端的工厂,因为两兄弟最后都把心思用到了闹分家上,再也没人来管理。而市场经济是无情的,所以没过多久便关门倒闭了。

这个故事应该能够给人以警示,当你斤斤计较的时候,你会失去更多!

避免小气，就要做到心理平衡。这既是保持身心健康的良方，又是事业成功的重要条件。善于调节心理平衡的人，必然心胸宽广，不会计较于一时得失，什么伤心事、苦恼事统统都置之度外。这样就能大度待人，公道处事，使生命的质量得到提高。反之，鸡肠小肚、心胸狭窄，动不动就落个心理不平衡，在这样的心态下生活，生活的质量必然会大打折扣。如果我们经常想一想"生命在于平衡"的道理，就有助于我们正确对待工作、生活中的诸多不如意之事。

清代学者张湖曾说："律己宜带秋风，处事宜带春风。"让我们多一些长远的目光，少一些狭隘的思维；多一些磅礴大气，少一些小肚鸡肠；多一些理解，多一些宽容，多一些主见，不轻易受别人的影响。这才是符合禅的哲理和智慧，这才是有为之人所必备的气质和胸怀。

克服狭隘，豁达的人生更美好

在生活中，常常会见到这样一类人：他们受到一点委屈便斤斤计较、耿耿于怀；听到别人的批评就接受不了，甚至痛哭流涕；对学习、生活中的一点小失误就认为是莫大的失败、挫折，长时间寝食难安；人际交往面窄，只同与自己一致或不超过自己的人交往，容不下那些与自己意见有分歧或比自己强的人……这些人就是典型的狭隘型性格的人。

具有这种性格的人极易受外界暗示，特别是那些与己有关的暗示，极易引起内心冲突。心胸狭隘的人神经敏感、意志薄弱、办事刻板、谨小慎微，甚至发展到自我封闭的程度，他们不愿与人进行物质上的交往。心胸狭隘的人会循环往复地自我折磨，甚至会罹患忧郁症或消化系统疾病。

狭隘的人用一层厚厚的壳把自己严严实实地包裹起来，生活在自己狭小冷漠的世界里。他们处处以自我利益为核心，无朋友之情，无恻隐之心，不懂得宽容、谦让、理解、体贴、关心别人。他们始终生活在愤怒及痛苦的阴影下，阻碍了正常的人际交往，影响了自己的生活、学习和工作。因此，心胸狭隘的人必须学会克服狭隘，以一种豁达、宽容的态度对待生活中的人和事。

牛顿1661年中学毕业后，考入英国剑桥大学三一学院。当时，他还是个年仅18岁的清贫学生，有幸得到导师伊萨克·巴罗博士的悉心教导。巴罗是当时知名的学者，以研究数学、天文学和希腊文闻名于世，还有诗人和旅行家的称号，英王查理二世还称赞他是"欧洲最优秀的学者"，他把毕生所学毫无保留地传授给了牛顿。牛顿大学毕业后，继续留在该校读研究生，不久就获得了硕士学位。又过了一年，牛顿26岁，巴罗以年迈为由，辞去数学教授的职务，积极推荐牛顿接任他的职务。其实巴罗这时还不到花甲，更谈不上年迈，他辞职是为了让贤。从此，牛顿就成了剑桥大学公认的大数学家，还被选为三一学院管理委员会成员之一，在这座高等学府中从事教学和科研工作长达30年之久。他的渊博学识和辉煌的科学成就，都是在这里取得的。而牛顿这些成绩的取得与巴罗博士的教导、让贤密不可分。可以说，牛顿的奖章中，巴罗也有一半。

在这个故事中,巴罗用他的豁达和宽容为我们做了很好的榜样。那么,我们要怎么做才能克服狭隘、豁达处世呢?

1. 待人要宽容

在生活中,人与人之间难免会出现一些磕磕碰碰,如有的人伤了自己的面子,有的人让自己下不了台,有的人当众给自己难堪,有的人对自己抱有成见,等等。遇到这些事情,我们应该宽容大度,以促使他人反躬自省。如果针锋相对,互不相让,就会把事态扩大,甚至激化矛盾,于己于人都没有好处。"退一步海阔天空",我们应该以这种胸怀,妥善处理日常工作、生活中遇到的问题,这样才能处理好人际关系,更好地享受工作、学习、生活的乐趣。

2. 办事要理智

很多人不够成熟,遇事易受情绪控制,一旦受了委屈,遇到挫折,容易失去理智而做出一些蠢事、傻事来。因此,遇事都要先问问自己:"这样做对不对?这样做的后果是什么?"多问几个为什么之后,就可以有效地避免"豁出去"的想法和做法,避免更大冲突的发生。

3. 处世要豁达

凡事要想开一些,不能像《红楼梦》中的林黛玉那样小心眼,连一粒沙子都容不下。要胸怀宽广,能容人,能容事,能容批评,能容误解。遇到矛盾时,只要不是原则性的问题,都可以大而化小、小而化了。即使有人故意"冒犯"自己,也应以团结为重,冷静对待和处理。

每个人都希望自己开开心心、顺顺利利,可是生活中总会有那么一些小波澜、小浪花。在这种情况下,斤斤计较会让自己的生活阴暗乏味，只有宽容豁达些才能让自己每天的生活充满阳光。

不要把别人的冒犯放在心上

与人交往，你的感受如何？在错综复杂的人际交往中，如果你要认真计较的话，每天你随便都可以找到四五件让人生气的事情，如被人诬陷、被连累、受人冷言讥讽，等等。有人不便及时发作，便暗自把这些事情记在心里，伺机报复。但这种仇恨心理，对对方没有丝毫损害，却会影响自己的情绪，从而自食其果。

不管别人怎样冒犯你，或者你们之间产生什么矛盾，总之"得饶人处且饶人"。

年轻的洛克菲勒空闲的时间很少，所以他总是将一个可以收缩的运动器——就是一种手拉的弹簧，可以闲时挂在墙上用手拉扯的——放在随身的袋子里。有一天，他到自己的一个分行里去，这里的人都不认识他。他说要见经理。

有一个傲慢的职员见了这个衣着随便的年轻人，便回答说："经理很忙。"洛克菲勒便说，等一等不要紧。当时待客厅里没有别人，他看见墙上有一个适当的钩子，洛克菲勒便把那运动器拿出来，很起劲地拉着。弹簧的声音打搅了那个职员，于是他跳起来，气愤地瞪着他，冲着洛克菲勒大声吼道："喂，你以为这里是什么地方啊，健身房么？这里不是健身房。赶快把东西收起来，否则就出去。懂了吗？"

"好，那我就收起来吧。"洛克菲勒和颜悦色地回答着，把他的东西收了起来。

5分钟后，经理来了，很客气地请洛克菲勒进去坐。那个职员马上蔫了，他觉得他在这里的前程肯定是断送了。洛克菲勒临走的时候，还客气地和他点了点头，而他则是一副不知所措的惶恐样子。他觉得洛克菲勒肯定会惩罚自己，于是便忐忑不安地等待着处罚。但是过了几天，什么也没有发生。又过了一星期，也没有事。过了三个月之后，他忐忑不安的心才慢慢平静下来。

不管洛克菲勒是否把这件事放在心上。至少他的行为说明，他对小职员的冒犯采取了宽容的态度。

生活中，我们不免会遭遇别人的伤害和冒犯，与其"以牙还牙"两败俱伤，倒不如保持宽容和冷静，不要轻易出手反击，这既是对别人的一种容忍，也是对自己的一种尊重。

若要真正获得别人的尊敬与爱护，你要注意自己的表现，切勿盛气凌人，恃宠生骄，做出令人憎恶的事情。这里有几个方法可供参考：

第一，你要学习与每一个人融洽地相处，表现出你的随和与合作精神。面对别人的时候，不要忘记你的笑容与热忱的招呼，还要多与对方进行眼神接触，在适当的时机赞美一下他们的长处。

第二，假如你不得不对某人的表现予以批评，你的措辞也要十分小心。先把对方的优点说出来，令他对你产生好感后，他才会接受你的建议，还会视你为他的知己良朋。

第三，人人都会遇到情绪低落的时候，你要努力控制自己的脾气,切勿把心中的闷气发泄到别人的身上,这是自找麻烦的愚蠢行为。没有人会愿意跟一个情绪化的人相处。所以,替自己建立一个随和而善解人意的形象,这是成功的重要因素之一。

用刀剑去攻打,不如用微笑去征服

卡耐基培训班的一位学员说:"我已经结婚18年了,在这段时间里,从我早上起来,到要上班的时候,我很少对太太微笑,或对她说上几句话。我是最闷闷不乐的人。

"既然我学习了微笑的用处,我就决定试一个礼拜看看。因此,第二天早上梳头的时候,我就看着镜子对自己说:'威尔森,你今天要把脸上的愁容一扫而空。你要微笑起来,现在就开始微笑。'当我坐下来吃早餐的时候,我以'早安,亲爱的'跟太太打招呼,同时对她微笑。

"现在,我要去上班的时候,就会对大楼的电梯管理员微笑着说一声'早安'。我以微笑跟大楼门口的警卫打招呼。我对地铁的出纳小姐微笑,当我跟她换零钱的时候。当我到达公司,我对那些以前从没见过我微笑的人微笑。

"我很快就发现,每一个人也对我报以微笑。我以一种愉悦的态度,来对待那些满肚子牢骚的人。我一面听着他们的牢骚,一面微笑着,于是问题就更容易解决了。我发现微笑带给我更多的收入,每天都带来更多的钞票。"

微笑是人的宝贵财富，微笑是自信的标志，也是礼貌的象征。人们往往依据你的微笑来获取对你的印象，从而决定对你所要办的事的态度。只要人人都献出一份微笑，办事将不再感到为难，人与人之间的沟通将变得十分容易。

现实的工作、生活中，一个人对你满面冰霜、横眉冷对，另一个人对你面带笑容、温暖如春，他们同时向你请教一个工作上的问题，你更欢迎哪一个？显然是后者，你会毫不犹豫地对他知无不言，言无不尽；而对前者，恐怕就恰恰相反了。

一个人面带微笑，远比他穿着一套高档、华丽的衣服更吸引人注意，也更容易受人欢迎。因为微笑是一种宽容、一种接纳，它缩短了彼此的距离，使人与人之间心心相通。喜欢微笑着面对他人的人，往往更容易走入对方的天地。难怪学者们强调："微笑是成功者的先锋。"的确，如果说行动比语言更具有力量，那么微笑就是无声的行动，它所表示的是："你使我快乐，我很高兴见到你。"笑容是结束说话的最佳"句号"，这话真是不假。

有微笑面孔的人，就会有希望。因为一个人的笑容就是他传递好意的信使，他的笑容可以照亮所有看到它的人。没有人喜欢帮助那些整天愁容满面的人，更不会信任他们；很多人在社会上站住脚是从微笑开始的，还有很多人在社会上获得了极好的人缘，也是从微笑开始的。

任何一个人都希望自己能给别人留下好印象，这种好印象可以创造出一种轻松愉快的气氛，可以使彼此结成友善的联系。一个人在社会上就是要靠这种关系才可立足，而微笑正是打开愉快之门的金钥匙。

有人做了一个有趣的实验，以证明微笑的魅力。

他给两个人分别戴上一模一样的面具，上面没有任何表情，然后，他问观众最喜欢哪一个人，答案几乎一样：一个也不喜欢，因为那两个面具都没有表情，他们无从选择。

然后，他要求两个模特儿把面具拿开，现在舞台上有两张不同的脸，他要其中一个人愁眉不展并且一句话也不说，另一个人则面带微笑。

他再问每一位观众："现在，你们对哪一个人最有兴趣？"答案也是一样的，他们选择了那个面带微笑的人。

如果微笑能够真正地伴随着你生命的整个过程，这会使我们超越很多自身的局限，使我们的生命自始至终生机勃发。

帮助曾经伤害过你的人

用宽广的胸怀去包容曾经伤害过自己的人，能够不计前嫌，给他以帮助与关怀，才是为人之大德。

从前有一个富翁，他有三个儿子，在他年事已高的时候，富翁决定把自己的财产全部留给三个儿子中的一个。可是，到底要把财产留给哪一个儿子呢？富翁想出了一个办法：他要三个儿子都花一年时间去周游世界，回来之后看谁做了最高尚的事情，谁就是财产的继承者。一年时间很快就过去了，三个儿子陆续回到家中，富翁要三个人都讲一讲自己的经历。大儿子得意地说:"我在周游世界的时候,遇到了一个陌生人,他十分信任我,把一袋金币交给我保管,可是那个人却意外去世了,我就把那袋金币原封不动地交还给了他的家人。"二儿子自信地说:"当我旅行到一个贫穷落后的村落时,看到一个可怜的小乞丐不幸掉到湖里了,我立即跳下马,从湖里把他救了起来,并留给他一笔钱。"三儿子犹豫地说:"我,我没有遇到两个哥哥碰到的那种事,在我旅行的时候遇到了一个人,他很想得到我的钱袋,一路上千方百计地害我,我差点死在他手上。可是有一天我经过悬崖边,看到那个人正在悬崖边的一棵树下睡觉,当时我只要抬一抬脚就可以轻松地把他踢到悬崖下,但我想了想,觉得不能这么做,正打算走,又担心他一翻身掉下悬崖,就叫醒了他,然后继续赶路了。这实在算不了什么有意义的经历。"富翁听完三个儿子的话,点了点头说道:"诚实、见义勇为是一个人应有的品质,称不上是高尚。有机会报仇却放弃,反而帮助自己的仇人脱离危险的宽容之心才是最高尚的。我的全部财产都是三儿子的了。"

  宽容是一笔巨额的财富,是至善人性达到的一种境界,是人性之花历经沧桑之后依然盛开的那份通透与恬然。

  活在仇恨里的人是愚蠢的。你在憎恨别人时,心里总是愤愤不平,希望别人遭到不幸、惩罚,却又往往不能如愿,失望、莫名地烦躁之后,你便失去了往日那轻松的心境和欢快的情绪,从而心理失衡;另一方面,在憎恨别人时,由于疏远别人,只看到别人的短处,在言语上贬低别人、在行动上敌视别人,结果使人际关系越来越僵,以致树敌为仇。宽容地帮助曾经伤害过你的人才不失为人生大智慧,以德化怨,春风化雨,是成熟人性臻至化境的象征,宽容的人生收获的必是满城桃李。

对自己的对手"投之以木桃"

《诗经·卫风》中有云:"投我以木桃,报之以琼瑶。"就是说,你对我好,我对你更好。普通的朋友之间尚且如此,倘若胸怀宽广,对自己的对手也能"投以木桃",那你的对手也一定感激涕零,视你为恩人一般。日后定会寻找时机报答你,给予你帮助,让你获得更大的成功。

一位名叫卡尔的卖砖商人,由于同另一位对手的竞争而陷入困境之中。对方在他的经销区域内定期走访建筑师与承包商,告诉他们卡尔的公司不可靠,他的砖块不好,生意也即将面临歇业。卡尔对别人解释说他并不认为对手会严重伤害到他的生意。但是这件麻烦事使他心中生出无名之火,真想"用一块砖来敲碎那人肥胖的脑袋作为发泄"。

"有一个星期天早晨,"卡尔说,"牧师布道时的主题是:要施恩给那些故意为难你的人。我把每一个字都吸收下来。就在上个星期五,我的竞争者使我失去了一份25万块砖的订单。但是,牧师教我们要善待对手,而且他举了很多例子来证明他的理论。当天下午,我在安排下周日程表时,发现住在弗吉尼亚州的一位我的顾客,正因为盖一间办公大楼需要一批砖,而所指定的砖的型号不是我们公司制造供应的，却与我竞争对手出售的产品很类似。同时，我也确定那位满嘴胡言的竞争者完全不知道有做成这笔生意的机会。"

这使卡尔感到为难，是遵从牧师的忠告，告诉给对手这项生意，还是按自己的意思去做，让对方永远也得不到这笔生意呢？

那么到底该怎样做呢？卡尔的内心挣扎了一段时间，牧师的忠告一直在他心中。最后，也许是因为很想证实牧师是错的，他拿起电话拨到竞争对手家里。接电话的人正是那个对手本人，当时他拿着电话，难堪得一句话也说不出来。卡尔还是礼貌地直接地告诉他有关弗吉尼亚州的那笔生意。结果，那个对手很感激卡尔。

卡尔说："我得到了惊人的结果，他不但停止散布有关我的谎言，而且还把他无法处理的一些生意转给我做。"

没有永久的敌人，也没有永久的朋友，只有永久的利益。对于昔日的对手，打击报复只能为自己埋下更多的祸根，而善待我们的对手，不但能够感化他们，还会为我们自己的事业扫除一定的障碍。

以德报怨，善待对手。英国前首相丘吉尔一生都奉行这句话，在用人方面更是如此。

丘吉尔作为保守党的一名议员，历来非常敌视工党的政策纲领，但他执政时却重用了工党领袖艾礼，自由党也有一批人士进入了内阁。更令人称道的是，他在保守党内部，对待前首相张伯伦也没有以个人恩怨去处理他们之间的关系。他不计前嫌，很好地团结了众多对手，显示了他宽阔的胸怀和高明的用人之术。

张伯伦在担任英首相期间，曾再三阻碍丘吉尔进入内阁，他们的政见不合，特别是在对外政策上，张伯伦和丘吉尔存在很大的分歧。后来张伯伦在对政府的信任投票中惨败，社会舆论赞成丘吉尔领导政府。出人意料的是，丘吉尔在组建政府的过程中，坚持让张伯伦担任下院领袖兼枢密院院长。这是因为他认识到保守党在下院占绝大多数席位，张伯伦是他们的领袖，在自己对他进行了多年的批评和严厉的谴责之后，取张伯伦而代之，会令保守党内许多人感到不愉快。为了国家的最高利益，丘吉尔决定留用张伯伦，以赢得这些人的支持。

后来的事实证明，丘吉尔的决策很英明。当张伯伦意识到自己的绥靖政策给国家带来巨大灾难时，他并没有利用自己在保守党的领袖地位来给昔日的对手丘吉尔找麻烦，而是以反法西斯的大局为重，竭尽全力做好自己分内之事，对丘吉尔起到了较好的配合作用。

由此可见，如果你能够以一颗宽容的心来公平对待你的对手，善待你的对手，与对手冰释前嫌，就能赢得对手的尊重和友谊，同时也为自己找到了强有力的靠山。

因包容而避免冲突

这是一场看似普通又极为特殊的世界职业拳手争霸赛。

正在比赛的是美国两个职业拳手，年长的叫卢卡，30岁；年轻的叫拉瓦，25岁。上半场两人打了6个回合，实力相当，难分胜负。在下半场第七个回合，拉瓦接连击中老将卢卡的头部，打得他鼻青脸肿。

短暂的休息时，拉瓦真诚地向卢卡致歉。他先用自己的毛巾一点点擦去卢卡脸上的血迹，然后把矿泉水洒在他的头上。拉瓦始终是一脸歉意，仿佛这一切都是自己的罪过。接下来两人继续交手。也许是年纪大了，也许是体力不支，卢卡一次又一次地被拉瓦击倒在地。按规则，对手被打倒后，裁判连喊3声，如果3声之后仍然起不来，就算输了。每次都不等裁判将"3"叫出口，拉瓦就上前把卢卡拉起来。卢卡被扶起后，他们微笑着击掌，然后继续交战。

这样的举动在拳击场上极为少见。

最终，卢卡负于拉瓦，观众潮水般涌向拉瓦，向他献花、致敬、赠送礼物。拉瓦拨开人群，径直走向被冷落一旁的老将卢卡，将最大的一束鲜花送进他的怀抱。

两人紧紧地拥在一起，相互亲吻对方被击伤的部位，俨然是一对亲兄弟。卢卡真诚地向拉瓦祝贺，一脸由衷的笑容。他握住拉瓦的手高高举过头顶，向全场的观众致敬。观众更加沸腾了，为这一对相拥在一起的对手欢呼。

真正聪明的人总会包容一切，从而使冲突消弭于无形。包容是一种美德。能够宽容别人的人，可以和各种人和睦相处，同时也可以反映出自身的人格修养和广阔胸襟。客观地看待自己和他人，同时保持一种谦逊和宽容的精神，是最有利于个人成长的做法。

"原谅别人，才能释放自己。"借着宽恕，你释放了牢里的犯人，而那个犯人，可能就是你自己。

有一次，公司老总派查尔斯去国外洽谈一个重要的合作项目，并对他说："你要用人，公司职员随便你挑……"

查尔斯说："那我就点名要杰克。"这个请求倒是把老总弄糊涂了。杰克的狡猾和贪婪大家有目共睹，坏毛病一大堆，为什么查尔斯要选他呢？

查尔斯对迷惑不解的老总说："我在外需要公司内部给我提供大量信息和全力支持，本来杰克就参与了这次谈判，不让他去，难保他不眼红。如果他暗中作梗，岂不坏了大事？但是我与他一起合作，分他点功名，他也就不会再为难我。为人为己，我认为这是最好的选择。"老总听后，明白了查尔斯的深远用意，连称高明。

我们在生活中有很多事应当忍则忍，能让则让。忍让和宽容不是懦弱和怕事，而是关怀和体谅，以己度人，推己及人，我们就能与别人和睦相处，甚至化敌为友。用和平的方式处理生活中的冲突与愤怒，是迎战那些终日想要给你使绊儿的人所能采用的最上策，而且，它往往能让你得到更多回报。

低姿态消融他人嫉妒的壁垒

拿破仑曾经说："有才能往往比没有才能更有危险；人们不可能避免遇到轻蔑，却更难不变成嫉妒的对象。"真正聪明的人懂得以低姿态为自己筑起一道防止嫉妒的有效堤坝，不会让自己惹火上身。

古人云："木秀于林，风必摧之。"就一般中国人而言，总是愿意大家彼此差不多。在日常工作中，因为有特殊才能或特殊贡献而冒尖的人，往往容易成为众人打击的对象。由于嫉妒心重还可能暗地里给你使绊子，让你生活在一种无形的压力之下，时时处处都有障碍，让你人做不好，事干不成。莎士比亚曾经说过："妒妇的长舌比疯狗的牙齿更毒。"如果我们不能有效化解别人对自己的嫉妒，很可能会在不知不觉中失去本该属于自己的天空，所以，必要的时候低一下头，给别人的嫉妒心留出点空间，是你不得不做出的让步。

当你一旦发现别人对你有嫉妒心理时，你可以采取以下几种方法化解。

第一，向对方表露自己的不幸或难言之痛。当一个人获得成功的时候，有人可能会因此感到自己是个失败者。这构成了嫉妒心理产生的基本条件。此时，你若向嫉妒者吐露自己往昔的不幸或目前的窘境，就会缩小双方的差距，并且让对方的注意力从嫉妒中转移出来。同时会使对方感受到你的谦虚，减弱了对方因你的成功而产生的恐惧，从而使其心理渐趋平衡。

第二，求助于嫉妒者。一方面，在那些与自己并无重大利害关系的事情上故意退让或认输，以此显示自己也有无能之处。另一方面，在对方擅长的事情上求助于他（她），以此提高对方的自信心和成就感，并让对方感到你的成功对他（她）并不是一种威胁。

第三，赞扬嫉妒者身上的优点。你的成功使嫉妒者身上的优点和长处黯然失色，于是一种自卑感在其内心油然而生，以至于自惭形秽。这是嫉妒心理产生并且恶性发展的又一条件。因此，你适时适度地赞扬嫉妒者身上的优点，就容易使他（她）产生心理上的平衡。当然对嫉妒者的赞扬必须实事求是，态度要真诚。否则他（她）

会觉得你在幸灾乐祸地挖苦自己，结果不但达不到消除其对自己嫉妒的目的，还可能挑起新的战火。

第四，主动出击相互接近法。嫉妒常常产生于相互缺乏帮助、彼此又缺少较深感情的人中间。大凡嫉妒心强的人，社交范围很小，视野不开阔。只有投入到人际关系的海洋里，才能钝化自私、狭隘的嫉妒心理，才会增加容纳他人、理解他人的能力。因此，相互主动接近，多加帮助和协作，增进双方的感情，就会逐渐消除嫉妒。傲慢不逊的大人物是最令人嫉妒的，试想如果一个大人物能利用自己的优越地位来维护他的下属的正当利益，那么他就能筑起一道防止嫉妒的有效堤坝。

第五，让嫉妒者与你分享欢乐。在取得成功和获得荣誉的时候，不要居功自傲，自以为是。真诚地邀请大家（其中包括嫉妒你的人）一起来分享你的欢乐和荣誉，这样有助于消除彼此关系的紧张空气。当然，如果嫉妒者拒绝你的善意，则不必勉强于他，顺其自然。

总之，"退一步海阔天空"，以低姿态化解别人对你的嫉妒，不仅是一种灵活，更是一种内涵和宽容，它可以消融人与人之间的壁垒，让你的成就在嫉妒的布景中得到映衬。能引起别人的嫉妒，说明了你有才华；而能有效地化解这种嫉妒，则说明了你还拥有聪明和美德。

第四章

没什么比管住自己更能获得强大的自信

失控,是一种对时间和生活失去自主能力的心理病变,它会蚕食自信、乐观、淡定等正能量,还会摧毁人的创造力与意志力。失控的后果很严重。

古希腊哲学家泰勒斯指出:"做什么事情最容易,向别人提意见最容易;做什么事情最难,管理好自己最难。"管好自己,是一种习以为常的自我约束,是一种处之泰然的自我调控。只有善于管理自己,才可能成为战胜自己的人,成为最终的胜利者。挑战自我是强者的心理,管理自我是成功者的素质。

管住自己才能内心强大

一个人能够自我控制的秘密源于他的思想。我们经常在头脑中贮存的东西会渐渐地渗透到我们的生活中去。如果我们是自己思想的主人，如果我们可以控制自己的思维、情绪和心态，那么，我们就可以控制生活中可能出现的所有情况。

我们都知道，当沸腾的血液在我们狂热的大脑中奔涌时，控制自己的思想和言语是多么地困难。但我们更清楚，让我们成为自己情绪的奴隶是多么危险和可悲。这不仅对工作与事业来说是非常有害的，而且还减少了效益，甚至还会对一个人的名誉和声望产生非常不利的影响。无法完全控制和主宰自己的人，命运不是掌握在他自己的手里。

有一个作家说："如果一个人能够对任何可能出现的危险情况都进行镇定自若的思考，那么，他就可以非常熟练地从中摆脱出来，化险为夷。而当一个人处在巨大的压力之下时，他通常无法获得这种镇定自若的思考力量。要获得这种力量，需要在生命中的每时每刻，对自己的个性特征进行持续的研究，并对自我控制进行持续的练习。而在这些紧急的时刻，有没有人能够完全控制自己，在某种程度上决定了一场灾难以后的发展方向。有时，也是在一场灾难中，这个可以完全控制自己的人，常常被要求去控制那些不能自我控制的人，因为那些人由于精神系统的瘫痪而暂时失去了做出正确决策的能力。"

看到一个人因为恐惧、愤怒或其他原因而丧失自我控制力时，这是非常悲惨的一幕。而某些重要事情会让他意识到，彻彻底底地成为自己的主人，牢牢地控制自己的命运是多么的必要。

想想看有这样一个人，他总是经常表露自己的想法——要成为宇宙中所有力量的主人，而实际上他却最终给微不足道的力量让了路！想想看他正准备从理性的王座上走下来，并暂时地承认自己算不上一个真正的人，承认自己对控制自己行为的无能，并让他自己表现出一些卑微和低下的特征，去说一些粗暴和不公正的话。

由于缺少自制美德的修炼，我们许多成年人还没有学会去避免那伤人的粗暴脾气和锋利逼人的言辞。

不能控制自己的人就像一个没有罗盘的水手，他处在任何一阵突然刮起的狂风的左右之下。每一次激情澎湃的风暴，每一种不负责任的思想，都可以把他推到这里或那里，使他偏离原先的轨道，并使他无法达到期望中的目标。

自我控制的能力是高贵品格的主要特征之一。能镇定且平静地注视一个人的眼睛，甚至在极端恼怒的情况下也不会有一丁点儿的脾气，这会让人产生一种其他东西所无法给予的力量。人们会感觉到，你总是自己的主人，你随时随地都能控制自己的思想和行动，这会给你品格的全面塑造带来一种尊严感和力量感，这种东西有助于品格的全面完善，而这是其他任何事物所做不到的。

这种做自己主人的思想总是很积极的。而那些只有在自己乐意这样做，或对某件事特别感兴趣时才能控制思想的人，永远不会获得任何大的成就。那种真正的成功者，应该在所有时刻都能让他的思维来服从他的意志力。这样的人，才是自己情绪的真正主人；这样的人，他已经形成了强大的精神力量，他的思维在压力最大的时候恰恰处于最巅峰的状态；这样的人，才是造物主所创造出来的理想人物，是人群中的领导者。

管住自己才能营造幸福生活

在社会中，只有遇事不慌、临危不惧的人才能成就大事，而那些情绪不稳、时常动摇、缺乏自信、遇到危险就躲、遇到困难慌神的人，只能过平庸的生活。

自控是一种力量，自控使人头脑冷静、判断准确。自控的人充满自信，同时也能赢得别人的信任。

自控力强的人，比焦虑万分的人更容易应付种种困难、解决种种矛盾。而一个做事光明磊落、生气蓬勃、令人愉悦的人，无论到哪儿都是受人欢迎的。

在商人中间，自控能产生信用。银行相信那些能控制自己的人。商人们相信，一个无法控制自己的人既不能管理好自己的事务，也不能管理好别人的事务。一个人可能在缺乏教育和健康的条件下成功，但绝不可能在没有自制力的情况下成功！

无论是谁，只要能下定决心，决心就会为他的自制行为提供力量与后援。能够支配自我，控制情感、欲望和恐惧心理的人会比国王更伟大、更幸福。否则，他就不可能取得任何有价值的进步。

张飞得知关羽被东吴杀害后，陷入了极度的悲痛之中，他"旦夕号泣，血湿衣襟"。刘、关、张桃园结义，手足之情极为深厚，如今兄长被害，张飞的悲痛也算是一种正常的情绪反应。但他在悲痛之中丧失了起码的理智，任由此种不利情绪的发展，并用它来深深感染了刘备，不仅给自己招来杀身之祸，也极大地损害了三人为之奋斗的事业。刘备得知关羽为东吴所害，悲愤之下准备出兵伐吴，赵云向刘备分析当时的形势："国贼乃曹操，非孙权也。今曹丕篡汉，神人共怒，陛下可早图关中……若舍魏以伐吴，兵势一交，岂能骤解……汉贼之仇，公也；兄弟之仇，私也。愿以天下为重。"赵云所主张的先公后私，就是一种理智的选择。若听任自己情绪的指挥，当然要先为关羽报仇雪恨；若从光复汉室的大局着想，则应以伐魏为先。刘备在诸葛亮的苦劝之下，好不容易"心中稍回"，却被张飞无休止的号哭弄得又起伐吴之心。

张飞痛失兄长，恨不得立刻到东吴杀个血流成河，他"每日望南切齿、睁目怒恨"。由于报仇心切，一腔怨怒无处发泄，在不知不觉之间把怒气出到了自己人头上，"帐上帐下，但有犯者即鞭挞之；多有鞭死者"，他的情绪失控到了杀自己人出气的地步，并传染给身边的每一个人。

张飞的情绪失控，不仅使自己，也使刘备在理智与情绪的抗衡中败下阵来，冲动地做出了出兵东吴的错误决定，结果使蜀汉的力量在这场战争中大大削弱，为蜀汉的衰落埋下了伏笔。

当一个人的怨恨到了丧失理智的地步时，他去伤害别人或被别人伤害也就在情理之中了。张飞向手下将士发出了"限三日内制办白旗白甲，三军披孝伐吴"的命令，根本不考虑手下能否在那么短的期限内完成任务。当末将范疆、张达为此犯难时，张飞不由分说，将二人"缚于树上，各鞭背五十""打得二人满口出血"，还威胁道："来日俱要完备！若违了限，即杀汝二人示众！"

刘备得知张飞鞭挞部属之事，曾告诫他这是"取祸之道"，说明刘备也认识到了张飞丧失理智背后隐藏的危险。然而张飞仍不警醒，不给别人留任何退路，连"兔子急了也咬人"的道理都忘了。最后，范疆、张达无法可想，只好拼个鱼死网破，趁张飞醉酒，潜入帐中将其刺死。

由于张飞不善于控制自己的负面情绪，尽管他有勇猛、豪爽、忠义之名，却不受部属的拥戴。作为一员大将，没有战死沙场，却死于自己人之手，这的确是缺乏自制力而酿成悲剧的一个典型例子。

同时张飞也是一位不懂得自控的人，一味任其发展，最终导致这样的结局，不能不说是一种必然结果。

人生在世，若缺乏自控力，将会令生活"一片狼藉"。一个人若完全被情绪所控制，那样伤害的不只是别人，你自己也会因此失去拥有幸福的机会。

许多名人写下了无数文字来劝诫人们要学会自我克制。詹姆士·博尔顿说："少许草率的词语就会点燃一个家庭、一家邻居或一个国家的怒火，而且这样的事情常常发生。半数的诉讼和战争都是因为言语而引起的。"乔治·艾略特则说："妇女们如果能忍着那些她们知道无用的话不说，那么她们半数的悲伤都可以避免。"

赫胥黎曾经写下过这样的话："我希望见到这样的人，他年轻的时候接受过很好的训练，非凡的意志力成为他身体的真正主人，应意志力的要求，他的身体乐意尽其所能去做任何事情。他头脑明智，逻辑清晰，他身体所有的功能和力量就如同机车一样，根据其精神的命令准备随时接受任何工作，无论是编织蜘蛛网这样的细活还是铸造铁锚这样的体力活。"

许多人，特别是年轻人情绪丰富不稳，自制力较差，往往从理智上也想自我锤炼，积极进取，但在感情和意志上却控制不了自己。专家们认为，要成为一个自控力强的人，需做到以下几点。

（1）自我分析，明确目标。一是对自己进行分析，找出自己在哪些活动中、何种环境中自制力差，然后拟出培养自制力的目标步骤，有针对性地培养自己的自制力；二是对自己的欲望进行剖析，扬善去恶，抑制自己的某些不正当的欲望。

（2）提高动机水平。心理学的研究表明，一个人的认识水平和动机水平，会影响一个人的自制力。一个成就动机强烈，人生目标远大的人，会自觉抵制各种诱惑，摆脱消极情绪的影响。无论他考虑任何问题，都着眼于事业的进取和长远的目标，从而获得一种控制自己的动力。

（3）从日常生活中的小事做起。高尔基说："哪怕是对自己小小的克制，也会使人变得更加坚强。"人的自制力是在学习、生活工作中的千百万小事中培养、锻炼起来的。许多事情虽然微不足道，但却影响到一个人自制力的形成。如早上按时起床、严格遵守各种制度、按时完成学习计划等，都可积小成大，锻炼自己的自控力。

（4）绝不让步迁就。培养自控力，要毫不含糊的坚定和顽强。不论什么东西和事情，只要意识到它不对或不好，就要坚决克制，绝不让步和迁就。另外，对已经做出的决定，要坚定不移地付诸行动，绝不轻易改变和放弃。如果执行决定半途而废，就会严重地削弱自己的自控力。

（5）经常进行自警。如当学习时忍不住想看电视时，马上警告自己，管住自己；当遇到困难想退缩时，不妨马上警告自己别懦弱。这样往往会唤起自尊，战胜怯懦，成功地控制自己。

（6）进行自我暗示和激励。自制力在很大程度上就表现在自我暗示和激励等意念控制上。意念控制的方法有：在你从事紧张的活动之前，反复默念一些树立信心、给人以力量的话，或随身携带座右铭，时时提醒激励自己；在面临困境或身临危险时，利用口头命令，如"要沉着、冷静"，以组织自身的心理活动，获得精神力量。

（7）进行松弛训练。研究表明，失去自我控制或自控力减弱，往往发生在紧张的心理状态中。若此时进行些放松活动，如按摩、意守丹田等，则可以提高自控水平。因为放松活动可以有意识地控制心跳加快、呼吸急促、肌肉紧张，获得生理反馈信息，从而控制和调节自身的整个心理状态。

管住信念，没有人能轻易左右你的方向

哲人们常把人生比作路，是路，就注定有崎岖不平。

1929年，美国芝加哥发生了一件震动全国教育界的大事。

几年前，一个年轻人半工半读地从耶鲁大学毕业。曾做过作家、伐木工人、家庭教师和卖成衣的售货员。现在，只经过了八年，

他就被任命为全美国第四大名校——芝加哥大学的校长，他就是罗勃·郝金斯。他只有30岁，真叫人难以置信。

人们对他的批评就像山崩落石一样一齐打在这位"神童"的头上，说他这样，说他那样——太年轻了，经验不够——说他的教育观念很不成熟，甚至各大报纸也参加了攻击。

在罗勃·郝金斯就任的那一天，有一个朋友对他的父亲说："今天早上，我看见报上的社论攻击你的儿子，真把我吓坏了。"

"不错，"郝金斯的父亲回答说，"话说得很凶。可是请记住，从来没有人会踢一只死狗。"

确实如此，越勇猛的狗，人们踢起来就越有成就感。

曾有一个美国人，被人骂作"伪君子""骗子""比谋杀犯好不了多少"……你猜是谁？一幅刊在报纸上的漫画把他画成伏在断头台上，一把大刀正要切下他的脑袋，街上的人群都在嘘他。他是谁？他是乔治·华盛顿。

耶鲁大学的前校长德怀特曾说："如果此人当选美国总统，我们的国家将会合法卖淫，行为可鄙，是非不分，不再敬天爱人。"听起来这似乎是在骂希特勒吧？可是他谩骂的对象竟是杰弗逊总统，就是撰写《独立宣言》、被赞美为民主先驱的杰弗逊总统。

可见，没有谁的路永远是一马平川的。为他人所左右而失去自己方向的人，他将无法抵达属于自己的幸福所在。

真正成功的人生，不在于成就的大小，而在于是否努力地去实现自我，喊出属于自己的声音，走出属于自己的道路。

一名中文系的学生苦心撰写了一篇小说，请作家批评。因为作家正患眼疾，学生便将作品读给作家。读到最后一个字，学生停顿下来。作家问道："结束了吗？"听语气似乎意犹未尽，渴望下文。这一追问，煽起学生的激情，立刻灵感喷发，马上接续道："没有啊，下部分更精彩。"他以自己都难以置信的构思叙述下去。

到达一个段落，作家又似乎难以割舍地问："结束了吗？"

小说一定摄魂勾魄，叫人欲罢不能！学生更兴奋，更激昂，更富于创作激情。他不可遏止地一而再再而三地接续、接续……最后，电话铃声骤然响起，打断了学生的思绪。

电话找作家，急事。作家匆匆准备出门。"那么，没读完的小说呢？""其实你的小说早该收笔，在我第一次询问你是否结束的时候，就应该结束。何必画蛇添足、狗尾续貂？该停则止，看来，你还没把握情节脉络，尤其是，缺少决断。决断是当作家的根本，否则绵延逶迤，拖泥带水，如何打动读者？"

学生追悔莫及，自认性格过于受外界左右，作品难以把握，恐不是当作家的料。

很久以后，这名年轻人遇到另一位作家，羞愧地谈及往事，谁知作家惊呼："你的反应如此迅捷、思维如此敏锐、编造故事的能力如此强盛，这些正是成为作家的天赋呀！假如正确运用，作品一定脱颖而出。"

"横看成岭侧成峰，远近高低各不同。"凡事绝难有统一定论，谁的"意见"都可以参考，但永不可代替自己的"主见"，不要被他人的论断束缚了自己前进的步伐。追随你的热情、你的心灵，它将带你实现梦想。

遇事没有主见的人，就像墙头草，东风东倒，西风西倒，没有自己的原则和立场，不知道自己能干什么，会干什么，自然与成功无缘。

走自己的路，让别人去说吧。

管住情绪，没有人能轻易操控你

20世纪60年代早期的美国，有一位很有才华、曾经做过大学校长的人，竞选美国中西部某州的议会议员。此人资历很高，又精明能干、博学多识，非常有希望赢得选举的胜利。

但是，一个很小的谎言散布开来：3年前，在该州首府举行的一次教育大会上，他跟一位年轻的女教师"有那么一点暧昧的行为"。这其实是一个弥天大谎，而这位候选人不能控制自己的情绪，他对此感到非常愤怒，并尽力想要为自己辩解。

由于按捺不住对这一恶毒谣言的怒火，在以后的每次集会中，他都要站起来极力澄清事实，证明自己的清白。

其实，大部分选民根本没有听到或过多地注意这件事，但是，现在人们却越来越相信有那么一回事了。公众们振振有辞地反问："如果你真是无辜的，为什么要为自己百般狡辩呢？"

如此火上加油，这位候选人的情绪变得更坏，他气急败坏、声嘶力竭地在各种场合为自己辩解，以此谴责谣言的传播者。然而，这更使人们对谣言确信不疑。最悲哀的是，连他的太太也开始相信谣言了，夫妻之间的亲密关系消失殆尽。

最后，他在选举中败北，从此一蹶不振。

控制自我情绪是一种重要的能力，也是一种难能可贵的艺术。一个不懂得控制自我的人，只会任由情绪的发展，使自己有如一头失控的野兽，一旦不小心闯到熙熙攘攘的人群中，则会伤人伤己。

人是群居的动物，不可能总是一个人独处，因此，一旦情绪失控，必将波及他人。控制自我绝对是种必须具备的能力。

传说中有一个"仇恨袋"，谁越对它施力，它就胀得越大，以至最后堵死我们生存的空间。你打我一拳，我必定想方设法还你两脚，即使是好汉不吃眼前亏，也必当日后补上——大多数人都会这样想。这样做只能使对抗升级而无助于解决问题，更不论是谁对谁错了。

1754年，身为上校的华盛顿率领部下驻防亚历山大市。当时正值弗吉尼亚州议会选举议员，有一个名叫威廉·佩恩的人反对华盛顿所支持的候选人。据说，华盛顿与佩恩就选举问题展开激烈争论，说了一些冒犯佩恩的话。佩恩火冒三丈，一拳将华盛顿打倒在地。当华盛顿的部下跑上来要教训佩恩时，华盛顿急忙阻止了他们，并劝说他们返回营地。

第二天一早，华盛顿就托人带给佩恩一张便条，约他到一家小酒馆见面。佩恩料定必有一场决斗，做好准备后赶到酒馆。令他惊讶的是，等候他的不是手枪而是美酒。

华盛顿站起身来，伸出手迎接他。华盛顿说："佩恩先生，昨天确实是我不对，我不可以那样说，不过你已然采取行动挽回了面子。

如果你认为到此可以解决的话，请握住我的手，让我们交个朋友。"从此以后，佩恩成为华盛顿的一个狂热崇拜者。

我们在钦佩伟人的同时，也要认识到控制自我的重要性。许多伟人之所以能够名垂千古，与他们的从容豁达、宠辱不惊有很大的关系。而芸芸众生也许更多的是任由情绪的发泄，没有利用好控制自我的作用。

一个成功的人必定是有良好控制能力的人，控制自我不是说不发泄情绪，也不是不发脾气，过度压抑会适得其反。良好的控制自我就是不要凡事都情绪化，任由情绪发展，而是要适度控制，这是一种能力的体现。

管住虚荣，没有人能轻易刺激到你

生活中，每个人多多少少都会有一些虚荣心。

虚荣心是人的天性之一，街头乞丐会因为多讨得一枚硬币而向同伴炫耀；天真的孩子会因为老师的一句表扬而笑逐颜开。曹操与刘备煮酒论英雄，认为"唯使君与操耳"，其实不过是用刘备作陪衬，标榜的正是他自己。曹操雄才大略，自视甚高，可偏偏碰上一个故作聪明的杨修，一而再、再而三地当众道破他心中的玄机，使他的虚荣心受到伤害，以致杨修遭到杀身之祸。而杨修之死，又何尝不是他自己的虚荣心所招致的呢？因此，虚荣不可以脱离实际，物极必反，过度膨胀的虚荣心很容易走向它的反面，以致采取不道德或者不合法的手段，去攫取自己想要得到而得不到的东西，从而走上罪恶的道路。

　　虚荣心是促使一个人失去免于恐惧、免于匮乏的自由，因为害怕羞辱，所以不定时地活在恐惧中，经常没有安全感，不满足。虚荣心强的人，与其说是为了脱颖而出、鹤立鸡群，不如说是自以为出类拔萃，所以不惜玩弄欺骗、诡诈的手段，使虚荣心得到最大的满足。心理学家告诉我们：虚荣是人生的矛盾，人类的特征，它很可怕，而且这可怕的范围几乎是无限的。无数事实表明，正常的社交关系，都因为虚荣而丧失了。

　　韦格是一个奥地利女孩，她天生丽质，自小就聪明过人。长大后的韦格在一所大学专修油画，韦格很有绘画天分，她的男朋友为了让她完成自己的梦想，一直积极地为她筹备一个个人画展。可是，这并不是一件容易的事情，画展筹备到一半时，他们在经济上遇到了困难。

　　这时，世界小姐大赛正在征集选手，奖金十分诱人，仅初赛的奖金就高达5000美元。于是，韦格的男朋友鼓励她去参加世界小姐选美，韦格去了，而且一路进军到了拉斯维加斯——她成了1987年度的世界小姐。

　　韦格曾一直梦想可以开个人画展，而如今她已不再需要画展。韦格曾经幻想有一个自己的家庭，和男朋友过着浪漫温馨的日子，然而她成为世界小姐以后，整天被阔佬阔少们包围着，理所当然地接受他们的大献殷勤，她再也不缺少浪漫与温馨了。作为世界小姐，高高站在财富与荣耀的顶端，似乎曾经的一切都不那么重要了。

韦格心安理得地享受着这一切，享受着世界小姐的荣耀带给她的琳琅满目的、意外的"财富"。

正当事业如日中天时，她却生病了，患上一种名叫克里曼特的综合征。

这种病的最大危险在于，她的双眼视力将逐渐衰退，最终将会失明。韦格因此而陷入绝望之中。

她的情绪低落到了极点，她开始诅咒上帝，不该把她的"意外收获"在"一瞬间"统统收回去，她认为是上帝妒忌她的天资聪颖。因此她更加怨恨交加。

就在韦格病重的消息传出不久，一个名叫帕迪的非洲小男孩寄给她一包土，说他们那里的人都用这种土来治病。韦格并不相信土可以治病，但还是抱着试试的态度用了，结果，她的病竟奇迹般地好了。

又是一次意外，使她欣喜若狂，她的财富又可以回到她的身边了，于是她发誓这次一定要紧紧抓住这些财富，绝不能再失去。

后来她嫁给了一个美国富翁。

在以后的日子里，韦格先后改嫁6次，可是没有一个男人令她满意。终于在一天夜里，她明白了，自己看起来拥有一切，其实却一无所有，她觉得自己这辈子没有什么价值可言，于是她选择了自杀……如果在她发达时没有抛弃男朋友，被评为世界小姐之后，依然继续她的事业，也许她会活得更加幸福。追求金钱，爱慕虚荣，让她彻底迷失了自己，陷入虚荣的泥潭里无法自拔。

虚荣并不可怕，可怕的是人的不自知、不满足，让虚荣心无限膨胀，失去了尺度。其实，人自降生以来，虚荣就开始与他相伴。年幼时，凡事都以自我为中心；长大以后，也只是学会让步。即使人死了，虚荣也不会消失，墓碑也会向人们炫耀自己的"光荣"。

每个人多多少少都会有一点虚荣，而且虚荣在某种程度之内是被允许的。每一个人都希望别人眼中有自己，所以当别人夸奖自己时，每一个人都会很高兴。

虚荣心必须有个尺度，特别是在与竞争对手或敌人相处时，更应该力戒虚荣，否则就会被别人利用。

当今一种普遍存在的虚荣是指对名的变态追求，它会使社会形成不务实的浮夸之风，使个人丧失生活的基础，从而陷入钩心斗角之中。因此，我们要控制住自己的虚荣心，让它停留在萌芽状态，作为鼓励我们向上的原始动力，千万不要让它恣意疯长，毁了自己的好前程。

管住轻浮，没有陷阱能轻易网得住你

越是美丽的东西越能让人疏于防范，其实看似鲜艳美丽的东西往往是最危险的，就像玫瑰一样，鲜艳玫瑰刺更多，就像毒蘑菇一样，越是色彩耀眼越是有毒。当你被它美丽的外表所迷惑时，它早已在暗中为你准备好了尖刺。

春秋时期，晋国大夫伯宗，有一天上完早朝之后，踩着轻快的步伐，一路上哼着歌回到家里。他老婆眼看丈夫喜形于色，便问他说:"什么事让你心情这么好?"

伯宗说:"今天我在朝上发表了一些议论,结果博得满堂彩,大家都称赞我的智慧与谋略不在前朝太傅阳处父之下。"

妻子听完后,脸色一沉说:"哎,阳处父这个人虚有其表,就靠一张嘴,学问不怎样,却喜欢求表现,难怪后来会被刺杀。我不明白,人家说你像他,有什么值得高兴的呢?"

被自家老婆浇了一盆冷水的伯宗,当然不承认自己虚有其表,就又急着补充当时被称赞时的详细情形,而且说得口沫横飞,生怕漏掉任何一个足以证明自己光彩的细节。

他老婆听得有些不耐烦了,就干脆直接对他说:"朝臣之间各怀鬼胎,因此,你不要对别人的称赞太过认真。何况,现在的朝政乱糟糟的,老百姓的不满已经积蓄很久了,你出了那么多馊主意,一定会惹祸上身。依我看,现在最要紧的事,莫过于为咱们家儿子安排好必要的侍卫,以保障他的生命安全。"

后来,伯宗果然在政界斗争中被其他大臣围攻,儿子则在卫士毕阳的护卫之下逃到楚国避难。

喜爱美丽、向往浮华是人的本性,好听赞美、喜闻荣耀也是人普遍的喜好。但人在鲜艳夺目、外表美丽的事物面前,很容易被迷惑住,因而丧失防备之心。可一旦它露出暗藏的毒刺,那么人注定要被伤害。因此,在任何时候都要保持警惕之心。

事实上,愈复杂的环境,当然就愈是钩心斗角的沃土。任何有关争斗的明枪暗箭,都是令人讨厌又难缠的事情。何况任何人都不可能武功盖世、刀枪不入,所以,知道自己身在何处,以及真正地了解自我，看清那些他人强加的虚有的荣耀，应该是保护自我的最佳防弹衣。

管住欲望，没有利益能轻易诱惑到你

人的贪欲好比一个黑洞，你填进去的东西越多，它的力量就越大，能够吸进去的东西就会更多。世界上最为让人害怕的不是凶残的猛兽，而是人对财富的贪心。

从前，有两个朋友看到一位哲学家从丛林中惊慌失措地跑过来。他们问他为什么这样惊恐不安。哲学家说："在那片丛林中，我看到一个吃人的东西。""你是不是说有一只老虎？"两个人不安地问道。"不，"哲学家说，"要比老虎厉害得多，我在挖一些药草时挖出来一堆金子。"

"在哪儿？"两个人赶忙问道。

"就在那片丛林中。"说完，哲学家就走了。

两个朋友立即跑到哲学家所指的地方，果然发现有一些金子。

"那个哲学家多蠢啊！"一个人对另一个人说，"竟把这贵如生命的黄金说成吃人的东西！"另一个人说："让我们想想怎么办吧。在光天化日之下，现在就把它拿回村里是绝对不安全的，必须在夜里悄悄拿回家去。我们留一人在这儿看着财宝，另一个回家去拿饭来吃吧。"

当一个人去拿饭时，留下来的一个想道：太遗憾了，今天要是我一个人来多好。现在我还得把这些黄金分给朋友一半，这样谁也分不到多少，我有一大家子人，需要得到全部黄金。只要他一来，我就用刀子把他捅死。

同时，另一个也在想：我干吗要把黄金分给他一半呢？我负债累累，一点为晚年准备的积蓄都没有，我不能分给他一半。我先吃饱饭，然后在饭里放上毒药，给他带去，他一吃就死了。想好之后，他带着下了毒药的饭菜，来到发现财宝的地方。他刚到那里，另一个人冷不防地给了他一刀，当即结果了他的性命。行凶后，凶手对朋友的尸体说道："可怜的朋友，是一半黄金送了你的性命。现在，我该吃饭了，真饿得我够呛。"他端起有毒的饭吃了下去。半小时后，他也一命呜呼了。他在临死的时候说："哲学家的话多么对呀！"

一位西方哲人忠告世人："贪婪可以撕裂信仰的肌肉，麻痹感知的悟性。它怀疑未来的前景，而只看中眼前的实惠。"无数的教训告诫我们，贪图金钱、权力、美色，只能滑进腐败之门、踏上不归之路。因此，我们每个人，都应该常给自己打打"预防针"，堵住每一个贪欲的缺口，坚守高尚的道德情操，永远远离贪欲之害。

我们惧怕老虎的凶猛，而比猛虎更可怕的是人的贪心。人常说：人心不足蛇吞象。因为贪欲是个无底洞，你一旦跌进去永远也出不来，填不满。贪婪往往使人疯狂，使人利令智昏，失去理性，以致互相残杀，最终被贪心所害。

管住心态，没有厄运能轻易打倒你

"君不见，黄河之水天上来，奔流到海不复回。君不见，高堂明镜悲白发，朝如青丝暮成雪。"伟大诗人李白这样感慨时间的有限以及生命的易逝。百年不过为一梦，这一梦，就需要自己好好去设计。既然生命那么有限，我们更不能浪费时间去哀叹这种短暂了，而要用一种积极的心态去面对眼前的生活。这里说到的积极的心态，包含触及内心的每件事情——荣誉、自尊、怜悯、公正、勇气与爱。

心态影响着我们潜能的发挥，能够让天堑变通途，腐朽化神奇。积极的心态，能在任何时候享受到花的芳香、阳光的温暖，没有一种东西能阻止积极心态的力量。积极心态帮助人们成就事业。它能使人在忧患中看到机会，看到希望，保持进取的旺盛斗志去克服一切困难。美国心理学家杰弗·P.戴维森认为："积极的心态源于对工作和学习的乐观精神，凡事不要想得太悲观、太绝望，否则你眼中的世界将是一片灰暗、一片混沌，工作起来自然也就打不起精神。"

看待同样的事情，不同的心态，就会拥有不同的想法，吸引来不同的结局。成功无处不在，只有怀着一种积极乐观的态度，才能收获成功。积极与不积极，决定着自身能量的走向。人们不管做什么事情，都要保持良好的心态，抱什么样的心态，就会导致相应结果的产生。行走在生命中的此刻，你不愿意生活没有激情，也不愿意经历失败吧？那么，随时保持一颗积极向上的心，是很有必要的。

1939年，德国军队占领了波兰首都华沙，此时，卡亚和他的女友迪娜正在筹办婚礼。卡亚做梦都没想到，他和其他犹太人一样，在光天化日之下被纳粹推上卡车运走，关进了集中营。卡亚陷入了极度的恐惧和悲伤之中，在不断的摧残和折磨中，他的情绪极其不稳定，精神遭受着痛苦的煎熬。一同被关押的一位犹太老人对他说："孩子，你只有活下去，才能与你的未婚妻团聚。记住，要活下去。"卡亚冷静下来，他下定决心，无论日子多么艰难，一定要保持积极的精神和情绪。

所有被关在集中营的犹太人，他们每天的食物只有一块面包和一碗汤。许多人在饥饿和严酷刑罚的双重折磨下精神失常，有的甚至被折磨致死。卡亚努力控制和调适着自己的情绪，把恐惧、愤怒、屈辱等抛之脑后，虽然他的身体骨瘦如柴，但精神状态却很好。

5年后，集中营里的人数由原来的4000人减少到不足400人。纳粹将剩余的犹太人用脚镣铁链连成一长串，在冰天雪地的隆冬季节，将他们赶往另一个集中营。许多人忍受不了长期的苦役和饥饿，最后死于茫茫雪原之上。在这人间炼狱中，卡亚奇迹般地活了下来。他不断地鼓舞自己，靠着坚韧的意志力，维持着衰弱的生命。1945年，盟军攻克了集中营，解救了这些饱经苦难、劫后余生的犹太人。卡亚活着离开了集中营，而那位给他忠告的老人，却没有熬到这一天。若干年后，卡亚把他在集中营的经历写成一本书。他在前言中写道："如果没有那位老者的忠告，如果放任恐惧、悲伤、绝望的情绪在我的心间弥漫，很难想象，我还能活着出来。"是卡亚自己救了自己，是他用积极乐观的情绪救了自己。

卡亚正是凭着这样一种积极的心态才在存活率微乎其微的困境中活了过来，这是积极的想要生存下去的气场在起作用。卡亚的积极心态救了他自己，让他能够运用自己的气场能量抵抗悲观、恐惧、绝望等情绪的侵袭，度过一个又一个艰难的日子。正是因为他积极的心态，他才最终度过了艰难的岁月。如果我们想获得生活的幸福与美满，或者事业的成功与辉煌，不再成为阴霾的奴隶，那么我们就要让心态永远积极。

拥有积极的心态，做自己想做的事，而不是被动地做别人告诉你做的事，你的力量就会逐渐强大起来。这时候，你会发现，任何挫折和困难都不是问题。因为积极的心态、会让自己不再胆怯和退缩，让自己永远昂首阔步，走向成功。

管住依赖，没有谁能伤害你的尊严

一位父亲和他的儿子出征打仗。父亲已做了将军，儿子还只是马前卒。又一阵号角吹响，战鼓擂响了，父亲庄严地托起一个箭囊，其中插着一支箭，他郑重地对儿子说："这是家传宝箭，佩带在身边，你将力量无穷，但千万不可抽出来。"

那是一个极其精美的箭囊，厚牛皮打制，镶着幽幽泛光的铜边儿，再看露出的箭尾，一眼便能认定是用上等的孔雀羽毛制作的。儿子喜上眉梢，贪婪地推想箭杆、箭头的模样，耳旁仿佛有嗖嗖的箭声掠过，他想象着敌方的主帅应声落马而毙的场景。

果然，佩带宝箭的儿子英勇非凡，所向披靡。当鸣金收兵的号角吹响时，儿子再也禁不住得胜的豪气，完全忘记了父亲的叮嘱，强烈的欲望驱赶着他，"呼"的一声就拔出宝箭，试图看个究竟。骤然间他惊呆了——一只断箭,箭囊里装着一只折断的箭。

"我一直带着断箭打仗呢!"儿子吓出了一身冷汗,必胜的信念仿佛顷刻间失去支柱的房子,轰然坍塌了。

结果不言自明,儿子惨死于乱军之中。

拂开蒙蒙的硝烟,父亲捡起那柄断箭,沉重地说道:"不相信自己的意志,永远也做不成将军。"

那个儿子的悲哀就在于他将自己的性命系于外物,想依赖父亲的宝箭来寻找一种安全感。这种用依赖得来的信念十分脆弱,当依赖的人或物消失时,他的信念就会破灭,他就会走向必然的失败。

对我们来说,生活中最大的危险,就是依赖他人来保障自己。"让你依赖,让你靠",就如同伊甸园中的蛇,总在你准备赤膊努力一番时引诱你。它会对你说:"不用了,你根本不需要。看看,这么多的金钱,这么多好玩、好吃的东西,你享受都来不及呢……"这些话,足以抹杀一个人意欲前进的雄心和勇气,阻止一个人利用自身的资本去换取成功的快乐,让你日复一日地在原地踏步,止水一般停滞不前,以至于你到了垂暮之年,终日为一生无为而悔恨不已。

而且,这种错误的心理还会剥夺一个人本身具有的独立的能力,使其依赖成性,只能靠拐杖而不想自己一个人走。有了依赖,就不想独立,其结果是给自己的未来挖下失败的陷阱。而摆脱依赖的方法其实很简单,就是要学会自己走路,走自己的路。

走自己的路就意味着我们遇事要学会自己拿主意,要敢于坚持自己的想法,而不是总让别人替自己出主意或者是受别人言论的影响。明朝名人吕坤特别反对这种没有主见的毛病。他说,如果做事先怕人议论，做到中间一有人提出反对意见，就不敢再做下去了，这不仅说明这个人没有"定力"，也说明其没有"定见"。没有定见和定力，就不是一个独立自主的人。吕坤说，做人做事，首先要能独立思考，明辨是非，选择正确的立场观点。吕坤进一步说，每个人的想法都不会完全一致，我们不能要求人人的看法都与自己相同。因此我们做事要看我们想达到的目标和效果，而不要过于顾虑事前一些人的议论；等你把事情做好了，那些议论自然也停止了。即使事情没做成，但只要是正确的，就是应当做的，论不得成败。

意大利著名女影星索菲亚·罗兰就是一个能够坚持自己的想法、很有主见的人。她16岁时来到罗马，要圆她的演员梦。但她从一开始就听到了许多不利的意见。用她自己的话说，就是她个子太高，臀部太宽，鼻子太长，嘴太大，下巴太小，根本不像电影演员，更不像一个意大利式的演员。制片商卡洛看中了她，带她去试了许多次镜头，但摄影师们都抱怨无法把她拍得美艳动人，因为她的鼻子太长、臀部太"发达"。卡洛于是对索菲娅说，如果你真想干这一行，就得把鼻子和臀部"动一动"。索菲娅可不是个没主见的人，她断然拒绝了卡洛的要求。她说："我为什么非要长得和别人一样呢？我知道，鼻子是脸庞的中心，它赋予脸庞以性格，我就喜欢我的鼻子和脸保持它的原状。至于我的臀部，那是我的一部分，我只想保持我现在的样子。"她决定不靠外貌而是靠自己内在的气质和精湛的演技来取胜，她没有因为别人的议论而停下自己奋斗的脚步。她成功了，那些有关她"鼻子长、嘴巴大、臀部宽"等议论都消失了，这些特征反倒成了美女的标准。索菲娅在20世纪即将结束时，被评为这个世纪"最美丽的女性"之一。

索菲娅·罗兰在她的自传《爱情与生活》中这样写道:"自我开始从影起,我就出于自然的本能,知道什么样的化妆、发型、衣服和保健最适合我。我谁也不模仿。我从不去奴隶似的跟着时尚走。我只要求看上去就像我自己,非我莫属……衣服的原理亦然,我不认为你选这个式样,只是因为伊夫·圣罗郎或第奥尔告诉你,该选这个式样。如果它合身,那很好。但如果还有疑问,那还是尊重你自己的鉴别力,拒绝它为好……衣服方面的高级趣味反映了一个人健全的自我洞察力,以及从新式样选出最符合个人特点的式样的能力……你唯一能依靠的真正实在的东西……就是你和你周围环境之间的关系,你对自己的估计,以及你愿意成为哪一类人的估计。"

索菲娅·罗兰谈的是化妆和穿衣一类的事,但她却深刻地触到了做人的一个原则,就是凡事要有自己的主见,要学会自己拿主意,而"不去奴隶似的"盲从别人。

心理学家认为,一个具有健康人格的人是自由的人,而自由主要体现在这个人能够自主地、有选择地支配自己的行为。这种自主感不是凭空产生的,其中很大一部分来自其少年期对自由支配时间的体验。创造自己的自主空间,可以从下面几方面做起:

(1)遇事先自己拿主意。遇事先想该怎么办,自己做主,然后再听取他人的意见,从中学到解决问题的经验和技巧,这样才能使智力有所增长,从而培养自主的能力。

(2)尝试着培养独立思考的能力。允许自己独自在一定的限度内犯错误,甚至允许自己做错。

（3）当你充满信心去实践自己的主张时，不要太依赖外部的帮助。当你遇到困难时，不要轻易向别人求援或接受他们的帮助，随着你的成长和成熟，你既要培养自己的责任心，又要有越来越多的独立性。你可以逐渐减少对他人的依赖和对他们的约束和服从，你可以有更多的自由去管理自己的事情。

（4）学会从小自己做决定。一旦做出决定，你就必须意识到要对选择的后果负责任。比如，一个人如果在他得到一星期的零花钱的第一天就把它花光了，那么他就必须尝尝那个星期其余几天没有钱的滋味。自主能力往往都是在几次成功与失败的过程中树立起来的，不要太在意失败。

我们的成功之路，是用自己的双脚走出来的；我们的人生舞台，是用自己的行动表现出来的。

能够充分发展一个人的潜能的，不是外援，而是自助；不是依赖，而是自立。如果你总是让其他力量推着才能前行，那么，你的生命意义将归于零。

只有坚持自我的独立，用自己的脚走自己的路，才能走出一条属于自己的独特的成功之路。

第五章

转换思路，
可以不被任何事情操控

不变的是原则，万变的是方法；水"流"不腐，人"变"不输。车到山前必有路，此路不通换条路。灵活应变，才能路路畅通。历史向我们证明了变通的高明，大自然也向我们展示了变通的奥妙。懂得变通，是我们通向成功的重要条件；懂得变通，能使我们少走弯路，在困境中寻求到最好的解决方法。改变思路，就能改变你人生的高度。穷则变，变则通，通则久。

做人不可过于执着

宋代大文学家苏东坡善作带有禅境的诗，曾写一句："人似秋鸿来有信，事如春梦了无痕。"这两句诗充分地将佛理中的"无常"现象告诉世人。南怀瑾对苏轼这首诗的解释非常有趣："人似秋鸿来有信"，即苏东坡要到乡下去喝酒，去年去了一个地方，答应了今年再来，果然来了；"事如春梦了无痕"，意思是一切的事情过了，像春天的梦一样，人到了春天爱睡觉，睡多了就梦多，梦醒了，梦留不住也无痕迹。

人生本来如大梦，一切事情过去就过去了，如江水东流一去不回头。老年人常回忆，想当年我如何如何……那真是自寻烦恼，因为一切事不能回头的，像春梦一样了无痕。

人世的一切事、物都在不断变幻。万物有生有灭，没有瞬间停留，一切皆是"无常"，如同苏轼的一场春梦，繁华过后尽是虚无。如果人们能体会到"事如春梦了无痕"的境界，那就不会生出这样那样的烦恼了，也就不会陷入怪圈不能自拔。

现代著名的女作家张爱玲，对繁华的虚无便看得很透。她的小说总是以繁华开场，却以苍凉收尾，正如她自己所说："小时候，因为新年早晨醒晚了，鞭炮已经放过了，就觉得一切的繁华热闹都已经过去，我没份了，就哭了又哭，不肯起来。"

张爱玲生于旧上海名门之后，她的祖父张佩纶是当时的文坛泰斗，外曾祖父是权倾朝野、赫赫有名的李鸿章。凭着对文字的先天敏感和幼年时良好的文化熏陶，张爱玲7岁时就开始了写作生涯，也开始了她特立独行的一生。

优越的生活条件和显赫的身世背景并没有让张爱玲从此置身于繁华富贵之乡，相反，正是这优越的一切让她在幼年便饱尝了父母离异、被继母虐待的痛苦，而这一切，却不为人知地掩藏在繁华的背后。

其实，纸醉金迷只是一具华丽的空壳，在珠光宝气的背后通常是人性的沉沦。沉迷于荣华富贵的人通常是肤浅的人，在繁华落尽时他会备受煎熬。转头再看，执着于尘俗的快乐，执着于对事物的追求，往往最受连累的就是自己，因为你通常会发现，你所执着的事物其实并不有趣，而且可能会令你一无所得。

赵州禅师是禅宗史上有名的大师，他对执着也有很精彩的解释。一次，众僧们请赵州禅师住持观音院。某天，赵州禅师上堂说法："比如明珠握在手里，黑来显黑，白来显白。我老僧把一根草当作佛的丈六金身来使，把佛的丈六金身当作一根草来用。菩提就是烦恼，烦恼就是菩提。"有僧人问："不知菩提是哪一家的烦恼？"赵州禅师答："菩提和一切人的烦恼分不开。"又问："怎样才能避免？"赵州禅师说："避免它干什么？"

又有一次，一个女尼问赵州禅师："佛门最秘密的意旨是什么？"

赵州禅师就用手掐了她一下，说："就是这个。"女尼道："没想到您心中还有这个？"赵州禅师说："不！是你心中还有这个！"

赵州禅师的话语给我们以足够的启示。人为什么放不下种种欲望？为什么追求种种虚华？就因为他们还有没有看清事物的表象，心存欲念，执着不忘。

真正的虚空是没有穷尽的，它也没有分断昨天、今天、明天，也没有分断过去、现在、未来，永远是这么一个虚空。天黑又天亮，昨天、今天、明天是现象的变化，与这个虚空本身没有关系。天亮了把黑暗盖住，黑暗真的被光亮盖住了吗？天黑了又把光明盖住，互相更替。

不幸人的一大共性：过分执着

偏激和固执像一对孪生兄弟。偏激的人往往固执，固执的人往往偏激。心理学对此有一个专业术语：偏执。

偏执的人总是喜欢以自己的标准来衡量一切，以自己的喜怒哀乐决定一切，缺乏客观的依据。一旦别人提出异议，就立刻转换脸色，对别人正确的意见也听不进去。

偏执的人往往极度敏感，对侮辱和伤害耿耿于怀，心胸狭隘；对别人获得成就或荣誉感到紧张不安，妒火中烧，不是寻衅争吵，就是在背后说风凉话，或公开抱怨和指责别人；自以为是，自命不凡，对自己的能力估计过高，惯于把失败和责任归咎于他人，在工作和学习上往往言过其实；总是过多过高地要求别人，但从来不信任别人的动机和愿望，认为别人心存不良。

喜欢走极端，与其头脑里的非理性观念相关联，是具有偏执心理的一大特色。因此，要改变偏执行为，首先必须分析自己的非理性观念。如：

1. 我不能容忍别人一丝一毫的不忠。

2. 世上没有好人，我只相信自己。

3. 对别人的进攻，我必须立即给以强烈反击，要让他知道我比他更强。

4. 我不能表现出温柔，这会给人一种不强健的感觉。

现在对这些观念加以改造，以除去其中极端偏激的成分。

1. 我不是说一不二的君王，别人偶尔的不忠应该原谅。

2. 世上好人和坏人都存在，我应该相信那些好人。

3. 对别人的进攻，马上反击未必是上策，我必须首先辨清是否真的受到了攻击。

4. 不敢表示真实的情感，是虚弱的表现。

每当故态复萌时，就应该把改造过的合理化观念默念一遍，用来阻止自己的偏激行为。有时自己不知不觉表现出了偏激行为，事后应重新分析当时的想法，找出当时的非理性观念，然后加以改造，以防下次再犯。

另外，还可以从以下几方面治愈偏执心理：

1. 学会虚心求教，不断丰富自己的见识

常言道："天外有天，人外有人。"别人的长处应该学习，认识到自己的肤浅。全面客观地看问题，遇到问题不急不躁，冷静分析。

2. 多交朋友，学会信任他人

鼓励他们积极主动地进行交友活动，在交友中学会信任别人，消除不安感。

交友训练的原则和要领是：

（1）真诚相见，以诚交心。要相信大多数人是友好的，是可以信赖的，不应该对朋友，尤其是知心朋友存在偏见和不信任的态度。必须明确交友的目的在于克服偏执心理，寻求友谊和帮助，交流思想感情，消除心理障碍。

（2）交往中尽量主动给予知心朋友各种帮助。这有助于以心换心，取得对方的信任和巩固友谊。尤其当别人有困难时，更应鼎力相助，患难中知真情，这样才能取得朋友的信赖和增进友谊。

（3）注意交友的"心理兼容原则"。性格、脾气相似和一致，有助于心理相容，搞好朋友关系。另外，性别、年龄、职业、文化修养、经济水平、社会地位和兴趣爱好等亦存在"心理兼容"的问题。但是最基本的心理兼容条件是思想意识和人生观价值观的相似和一致，即所谓的志同道合。这是发展合作、巩固友谊的心理基础。

3. 要在生活中学会忍让和有耐心

生活中，冲突纠纷和摩擦是难免的，这时必须忍让和克制，不能让敌对的怒火烧得自己晕头转向，肝火旺盛。

4. 养成善于接受新事物的习惯

偏执常和思维狭隘、不喜欢接受新东西、对未曾经历过的东西感到担心相联系。为此，我们要养成渴求新知识、乐于接触新人新事、学习其新颖和精华之处的习惯。只有这样，我们才能不断地提高自己，减少自己的无知和偏执。

凡事不能太较真

常言道"唯大英雄能本色",做人在总体上、大方向上讲原则,讲规矩,但也不排除在特定的条件下灵活变通。

人们常说:"凡事不能太较真。"一件事情是否该认真,这要视场合而定。钻研学问要讲究认真,面对大是大非的问题更要讲究认真。而对于一些无关大局的琐事,不必太认真。不看对象、不分地点刻板地认真,往往使自己处于尴尬的境地,处处被动受阻。每当这时,如果能理智地后退一步,往往能化险为夷。

"海纳百川,有容乃大。"与人相处,你敬我一尺,我敬你一丈;有一分退让,就有一分收益。相反,存一分骄躁,就多一分挫败;占一分便宜,就招一次灾祸。

当你心胸开朗、神情自若的时候,对于那些蝇营狗苟、一副小家子气的人,就会觉得他的表演实在可笑。但是,凡人都有自尊心,有的人自尊心特别强烈和敏感,因而也就特别脆弱,稍有刺激就有反应,轻则板起脸孔,重则马上还击,结果常常是为了争面子反而没面子。多一点儿宽容退让之心,我们的路就会越走越宽,朋友也就越交越多了,生活也会更加甜美。所以,要想成为一个成功的人,我们千万不能处处斤斤计较。

许多非原则的事情不必过分纠缠计较,凡事都较真常会得罪人,给自己多设置一道障碍。鸡毛蒜皮的烦琐无须认真,无关大局的枝节无须认真,剑拔弩张的僵持则更不能认真。

为了有效避免不必要的争论和较真,我们大致可以从以下几个方面做起:

1. **欢迎不同的意见**

　　当你与别人的意见始终不能统一的时候，这时就要求舍弃其中之一。人的脑力是有限的，有些方面不可能完全想到，因而别人的意见是从另外一个人的角度提出的，总有些可取之处，或者比自己的更好。这时你就应该冷静地思考，或两者互补，或择其善者。如果采取的是别人的意见，就应该衷心感谢对方，因为有可能此意见使你避开了一个重大的错误，甚至奠定了你一生成功的基础。

2. **不要相信直觉**

　　每个人都不愿意听到与自己不同的声音。当别人提出与你不同的意见时，你的第一反应是要自卫，为自己的意见进行辩护并竭力去寻找根据，这完全没有必要。这时你要平心静气地、公平谨慎地对待两种观点（包括你自己的），并时刻提防你的直觉（自卫意识）对你做出正确抉择的影响。值得一提的是，有的人脾气不好，听不得反对意见，一听见就会暴躁起来。这时就应控制自己的脾气，让别人陈述观点，不然，就未免气量太小了。

3. **耐心把话听完**

　　每次对方提出一个不同的观点，不能只听一点就开始发作了，要让别人有说话的机会。一是尊重对方，二是让自己更多地了解对方的观点，以判断此观点是否可取，努力建立了解的桥梁，使双方都完全知道对方的意思，不要弄巧成拙。否则的话，只会增加彼此沟通的障碍和困难，加深双方的误解。

4. **仔细考虑反对者的意见**

　　在听完对方的话后，首先想的就是去找你同意的意见，看是否有相同之处。如果对方提出的观点是正确的，则应放弃自己的观点，考虑采取他们的意见。一味坚持己见，只会使自己处于尴尬境地。

5. 真诚对待他人

如果对方的观点是正确的，就应该积极地采纳，并主动指出自己观点的不足和错误的地方。这样做，有助于解除反对者的"武装"，减少他们的防卫，同时也缓和了气氛。

放掉无谓的固执

马祖道一禅师是南岳怀让禅师的弟子。他出家之前曾随父亲学做簸箕，后来父亲觉得这个行当太没出息，于是把儿子送到怀让禅师那里去学习禅道。在般若寺修行期间，马祖整天盘腿静坐，冥思苦想，希望能够有一天修成正果。有一次，怀让禅师路过禅房，看见马祖坐在那里面无表情，神情专注，便上前问道："你在这里做什么？"马祖答道："我在参禅打坐，这样才能修炼成佛。"怀让禅师静静地听着，没说什么走开了。第二天早上，马祖吃完斋饭准备回到禅房继续打坐，忽然看见怀让禅师神情专注地坐在井边的石头上磨些什么，他便走过去问道："禅师，您在做什么呀？"怀让禅师答道："我在磨砖呀。"马祖又问："磨砖做什么？"怀让禅师说："我想把他磨成一面镜子。"马祖一愣，道："这怎么可能呢？砖本身就没有光明，即使你磨得再平，它也不会成为镜子的，你不要在这上面浪费时间了。"怀让禅师说："砖不能磨成镜子，那么静坐又怎么能够成佛呢？"马祖顿时开悟，"弟子愚昧，请师父明示。"怀让禅师说："譬如马在拉车，如果车不走了，你使用鞭子打车，还是打马？参禅打坐也一样，天天坐禅，能够坐地成佛吗？"

马祖一心执着于坐禅，所以始终得不到解脱，只有摆脱这种执着，才能有所进步。成佛并非执着索求或者静坐念经就可，必须要身体力行才能有所进步。一开始终日冥思苦想着成佛的马祖，在求佛之时，已经渐渐沦入歧途，偏离了参禅学佛的本意。马祖未能明白成佛的道理，就像他没有明白自己的本心一样，他不了解自己的内心如何与佛同在，所以他犯了"执"的错误。

百丈禅师每次说法的时候，都有一位老人跟随大众听法，众人离开，老人亦离开。老人忽然有一天没有离开，百丈禅师于是问："面前站立的又是什么人？"老人云："我不是人啊。在过去迦叶佛时代，我曾住持此山，因有位云游僧人问：'大修行的人还会落入因果吗？'我回答说：'不落因果。'就因为回答错了，使我被罚变成为狐狸身而轮回五百世。现在请和尚代转一语，为我脱离野狐身。"老人于是问："大修行的人还落因果吗？"百丈禅师答："不昧因果。"老人大悟，作礼说："我已脱离野狐身了，住在山后，请按和尚礼仪葬我。"百丈禅师真的在后山的洞穴中，找到一只野狐的尸体，便依礼将其火葬。

这就是著名的"野狐禅"的故事，那个人为什么被罚变身狐狸并轮回五百世呢？就是因为他执着于因果，所以不得解脱。执着就像一个魔咒，令人心想挂念，不能自拔，最后常令人不得其果，操劳心神，反而迷失了对人生、对自身的真正认识。修佛也好，参禅也好，在认识和理解禅佛之前，修行者必须要先认识自己的本身，然后发乎情地做事，渐渐理解禅佛之意。如果执着于认识禅佛之道，最后连本身都不顾了,这就是本末倒置的做法。就像一个人做事之前,必须要理解自身所长,才能放手施为地去做事。如果只看到事物的好处而忽略了自身能力,又怎么可能将事情做好呢?这便是寻明心、安身心的魅力所在。

不要让小事情牵着鼻子走

在非洲草原上,有一种不起眼的动物叫吸血蝙蝠,它的身体极小,却是野马的天敌。这种吸血蝙蝠靠吸食动物的血生存。在攻击野马时,它常附在野马的腿上,用锋利的牙齿迅速、敏捷地刺入野马腿里,然后用尖尖的嘴吸食血液。无论野马怎么狂奔、暴跳,都无法驱逐。吸血蝙蝠可以从容地吸附在野马身上,直到吸饱才满意而去。野马往往是在暴怒、狂奔、流血中无奈地死去。

动物学家们百思不得其解,小小的吸血蝙蝠怎么会让庞大的野马毙命呢?于是,他们进行了一项实验,观察野马死亡的整个过程。结果发现,吸血蝙蝠所吸的血量是微不足道的,远远不会使野马毙命。但通过进一步分析得出结论:一致认为野马的死亡是它暴躁的习性和狂奔所致,而不是因为吸血蝙蝠吸血致死。

一个理智的人,必定能控制住自己所有的情绪与行为,不会像野马那样为一点儿小事抓狂。当你在镜子前仔细地审视自己时,你会发现自己既是你最好的朋友,也是你最大的敌人。

上班时堵车堵得厉害,交通指挥灯仍然亮着红灯,而时间很紧,你烦躁地看着手表的秒针。终于亮起了绿灯,可是你前面的车子迟迟不开动，因为开车的人思想不集中，你愤怒地按响了喇叭，那个似乎在打瞌睡的人终于惊醒了，仓促地挂上了一挡，而你却在几秒钟里把自己置于紧张而不愉快的情绪之中。

美国研究应激反应的专家理查德·卡尔森说："我们的恼怒有80%是自己造成的。"这位加利福尼亚人在讨论会上教人们如何不生气。卡尔森把防止激动的方法归结为这样的话："请冷静下来！要承认生活是不公正的，任何人都不是完美的，任何事情都不会按计划进行。"

"应激反应"这个词从20世纪50年代起才被医务人员用来说明身体和精神对极端刺激（噪音、时间压力和冲突）的防卫反应。

现在研究人员知道，应激反应是在头脑中产生的。即使是非常轻微的恼怒情绪中，大脑也会命令分泌出更多的应激激素。这时呼吸道扩张，使大脑、心脏和肌肉系统吸入更多的氧气，血管扩大，心脏加快跳动，血糖水平升高。

埃森医学心理学研究所所长曼弗雷德·舍德洛夫斯基说："短时间的应激反应是无害的。"他说，"使人受到压力是长时间的应激反应。"他的研究结果表明：61%的德国人感到在工作中不能胜任、有30%的人因为觉得不能处理好工作和家庭的关系而有压力、20%的人抱怨同上级关系紧张、16%的人说在路途中精神紧张。

理查德·卡尔森的一条黄金规则是："不要让小事情牵着鼻子走。"他说："要冷静，要理解别人。"他的建议是：表现出感激之情，别人会感觉到高兴，你的自我感觉会更好。

学会倾听别人的意见，这样不仅会使你的生活更加有意思，而且别人也会更喜欢你；每天至少对一个人说，你为什么赏识他，不要试图把一切都弄得滴水不漏。不要顽固地坚持自己的权利,这会花费许多不必要的精力。不要老是纠正别人,常给陌生人一个微笑,不要打断别人的讲话,不要让别人为你的不顺利负责。要接受事情不成功的事实,天不会因此而塌下来;请忘记事事都必须完美的想法,你自己也不是完美的。这样生活会突然变得轻松许多。当你抑制不住自己的情绪时,你要学会问自己:一年前抓狂时的事情到现在看来还是那么重要吗?不为小事抓狂,你就可以对许多事情得出正确的看法。

现在,把你曾经为一些小事抓狂的经历写在这里,然后把你现在对这些事的看法也写下来,对比之下,相信你会有更深的认识。

下山的也是英雄

人们习惯于对爬上高山之巅的人顶礼膜拜,把高山之巅的人看作是偶像、英雄,却很少将目光投放在下山的人身上。这是人之常理,但实际上,能及时主动地从光环中隐退的下山者也是"英雄"。

有多少人把"隐退"当成"失败"。曾经有过非常多的例子显示,对于那些惯于享受欢呼与掌声的人而言,一旦从高空中掉落下来,就像是艺人失掉了舞台,将军失掉了战场,往往因为一时难以适应,而自陷于绝望的谷底。

心理专家分析,一个人若是能在适当的时间选择做短暂的隐退(不论是自愿还是被迫),都是一个很好的转机,因为它能让你留出时间观察和思考,使你在独处的时候找到自己内在真正的世界。

唯有离开自己当主角的舞台，才能防止自我膨胀。虽然，失去掌声令人惋惜，但换一种思维看问题，心理专家认为，"隐退"就是进行深层学习。一方面挖掘自己的阴影，一方面重新上发条，平衡日后的生活。当你志得意满的时候，是很难想象没有掌声的日子的。但如果你要一辈子获得持久的掌声，就要懂得享受"隐退"。

作家班塞说过一段令人印象深刻的话："在其位的时候，总觉得什么都不能舍，一旦真的舍了之后，又发现好像什么都可以舍。"曾经做过杂志主编，翻译出版过许多知名畅销书的班塞，在他事业巅峰的时候退下来，选择当个自由人，重新思考人生的出路。

40岁那年，欧文从人事经理被提升为总经理。三年后，他自动"开除"自己，舍弃堂堂"总经理"的头衔，改任没有实权的顾问。

正值人生最巅峰的阶段，欧文却奋勇地从急流中跳出，他的说法是："我不是退休，而是转进。"

"总经理"三个字对多数人而言，代表着财富、地位，是事业身份的象征。然而，短短三年的总经理生涯，令欧文感触颇深的，却是诸多的"无可奈何"与"不得而为"。

他全面地打量自己，他的工作确实让他过得很光鲜，周围想巴结自己的人更是不在少数，然而，除了让他每天疲于奔命，穷于应付之外，他其实活得并不开心。这个想法，促使他决定辞职，"人要回到原点，才能更轻松自在。"他说。

辞职以后，司机、车子一并还给公司，应酬也减到最低。不当总经理的欧文，感觉时间突然多了起来，他把大半的精力拿来写作，抒发自己在广告领域多年的观察与心得。

"我很想试试看，人生是不是还有别的路可走。"他笃定地说。

事实上，欧文在写作上很有天分，而且多年的职场经历给他积累了大量的素材。现在欧文已经是某知名杂志的专栏作家，期间还完成了两本管理学著作，欧文迎来了他的第二个人生辉煌。

事实上，"隐退"很可能只是转移阵地，或者是为了下一场战役储备新的能量。但是，很多人认不清这点，一直缅怀过去的光荣，他们始终难以忘情"我曾经如何如何"，不甘于从此做个默默无闻的小人物。走下山来，你同样可以创造辉煌，同样是个大英雄！

换种思路天地宽

有位老婆婆有两个儿子，大儿子卖伞，小儿子卖扇。雨天，她担心小儿子的扇子卖不出去；晴天，她担心大儿子的生意难做，终日愁眉不展。

一天，她向一位路过的僧人说起此事，僧人哈哈一笑："老人家你不如这样想：雨天，大儿子的伞会卖得不错；晴天，小儿子的生意自然很好。"

老婆婆听了，破涕为笑。

悲观与乐观，其实就在一念之间。

世界上什么人最快乐呢？犹太人认为，世界上卖豆子的人应该是最快乐的，因为他们永远也不用担心豆子卖不完。

假如他们的豆子卖不完，可以拿回家去磨成豆浆，再拿出来卖给行人；如果豆浆卖不完，可以制成豆腐，豆腐卖不成，变硬了，就当作豆腐干来卖；而豆腐干卖不出去的话，就把这些豆腐干腌起来，变成腐乳。

还有一种选择是：卖豆人把卖不出去的豆子拿回家，加上水让豆子发芽，几天后就可改卖豆芽；豆芽如果卖不动，就让它长大些，变成豆苗；如果豆苗还是卖不动，再让它长大些，移植到花盆里，当作盆景来卖；如果盆景卖不出去，那么再把它移植到泥土中去，让它生长。几个月后，它结出了许多新豆子。一颗豆子现在变成了上百颗豆子，想想那是多么划算的事！

一颗豆子在遭遇冷落的时候，可以有无数种精彩选择。人更是如此，当你遭受挫折的时候，千万不要丧失信心，稍加变通，再接再厉，就会有美好的前途。

条条大路通罗马，不同的只是沿途的风景，而在每一种风景中，我们都可以发现独一无二的精彩。

有一位失败者非常消沉，他经常唉声叹气，很难调整好自己的心态，因为他始终难以走出自己心灵的阴影。他总是一个人待着，脾气也慢慢变得暴躁起来。他没有跟其他人进行交流，他更没有把过去的失败统统忘掉，而是全部锁在心里。但他并没有尝试着去寻找失败的原因，因此，虽然始终把失败揣在心里，却没有真正吸取失败的教训。

后来，失败者终于打算去咨询一下别人，希望能够帮自己摆脱困境。于是，他决定去拜访一名成功者，从他那里学习一些方法和经验。

他和成功者约好在一座大厦的大厅见面,当他来到那个地方时,眼前是一扇漂亮的旋转门。他轻轻一推,门就旋转起来,慢慢将他送进去。刚站稳脚步,他就看到成功者已经在那里等候自己了。

"见到你很高兴,今天我来这里主要是向你学习成功的经验。你能告诉我成功有什么窍门吗?"失败者虔诚地问。

成功者突然笑了起来,用手指着他身后的门说:"也没有什么窍门,其实你可以在这里寻找答案,那就是你身后的这扇门。"

失败者回过头去看,只见刚才带他进来的那扇门正慢慢地旋转着,把外面的人带进来,把里面的人送出去。两边的人都顺着同一个方向进进出出,谁也不影响谁。

"就是这样一扇门,可以把旧的东西放出去,也可以把新的东西迎进来。我相信你也可以做得到,而且你会做得更好!"成功者鼓励他说。

失败者听了他的话,也笑了起来。

失败者与成功者的最大区别是心态的不同。失败者的心态是消极的,结果终日沉湎于失败的往事,被痛苦的阴影笼罩,无法解脱;而成功者的心态是开放的、积极的,能从一扇门领悟到成功的哲理,从而取得更多的成就。

心随境转,必然为境所累;境随心转,红尘闹市中也有安静的书桌。人生像是一张白纸,色彩由每个人自己选择;人生又像是一杯白开水,放入茶叶则苦,放入蜂蜜则甜,一切都在自己的掌握中。

苛求他人，等于孤立自己

每个人都有可取的一面，也有不足的地方。与人相处，如果总是苛求十全十美，那么永远也交不到真心的朋友。在这一点上，曾国藩早就有了自己的见解，他曾经说过："盖天下无无瑕之才，无隙之交。大过改之，微瑕涵之，则可。"意思是说，天下没有一点儿缺点也没有的人，没有一点儿缝隙也没有的朋友。有了大的错误，要能够改正，剩下小的缺陷，人们给予包容，就可以了。为此，曾国藩总是能够宽容别人，谅解别人。

当年，曾国藩在长沙读书，有一位同学性情暴躁，对人很不友善。因为曾国藩的书桌是靠近窗户的，他就说："教室里的光线都是从窗户射进来的，你的桌子放在了窗前，把光线挡住了，这让我们怎么读书？"他命令曾国藩把桌子搬开。曾国藩也不与他争辩，搬着书桌就去了角落里。曾国藩喜欢夜读，每每到了深夜，还在用功。那位同学又看不惯了："这么晚了还不睡觉，打扰别人的休息，别人第二天怎么上课啊？"曾国藩听了，不敢大声朗诵了，只在心里默读。一段时间之后，曾国藩中了举人，那人听了，就说："他把桌子搬到了角落，也把原本属于我的风水带去了角落，他是沾了我的光才考中举人的。"别人听他这么一说，都为曾国藩鸣不平，觉得那个同学欺人太甚。可是曾国藩毫不在意，还安慰别人说："他就是那样子的人，就让他说吧，我们不要与他计较。"

凡是成大事者，都有广阔的胸襟。他们在与别人相处的时候，不会计较别人的短处,而是以一颗平常心看待别人的长处,从中看到别人的优点,弥补自己的不足。如果眼睛只能看到别人的短处,那么这个人的眼里就只有不好和缺陷,而看不到别人美好的一面。生活中,每个人都可能会跟别人发生矛盾。如果一味地跟别人计较,就可能浪费自己很多精力。与其把自己的时间浪费在一些鸡毛蒜皮的小事上,不如放开胸怀,给别人一次机会,也可以让自己有更多的精力去做更多有意义的事情。

一位在山中茅屋修行的禅师,有一天趁月色到林中散步,在皎洁的月光下,突然开悟。他喜悦地走回住处,看到自己的茅屋有小偷光顾。找不到任何财物的小偷要离开的时候在门口遇见了禅师。原来,禅师怕惊动小偷,一直站在门口等待。他知道小偷一定找不到任何值钱的东西,就把自己的外衣脱掉拿在手上。小偷遇见禅师,正感到惊愕的时候,禅师说:"你走那么远的山路来探望我,总不能让你空手而回呀!夜凉了,你带着这件衣服走吧!"说着,就把衣服披在小偷身上,小偷不知所措,低着头溜走了。禅师看着小偷的背影穿过明亮的月光消失在山林之中,不禁感慨地说:"可怜的人呀!但愿我能送一轮明月给他。"禅师目送小偷走了以后,回到茅屋赤身打坐,他看着窗外的明月,进入空境。第二天,他睁开眼睛,看到他披在小偷身上的外衣被整齐地叠好,放在了门口。禅师非常高兴,喃喃地说:"我终于送了他一轮明月!"

面对盗贼,禅师既没有责骂,也没有告官,而是以宽容的心原谅了他,禅师的宽容和原谅终于换得了小偷的醒悟。可见,宽容比强硬的反抗更具有感召力。可是，我们与别人发生矛盾时，总想着与别人争出高低来，但是往往因为说话的态度不好，使得两个人吵起来，甚至大打出手。其实，牙齿哪有不碰到舌头的。很多事情忍耐一下，也就过去了。有些矛盾的产生，别人也不一定是故意的，我们给予他包容，他可能会主动认识到错误，也给自己减少了很多麻烦。

有一种智慧叫"弯曲"

人生之旅，坎坷颇多，难免直面矮檐，遭遇逼仄。

弯曲，是一种人生智慧。在生命不堪重负之时，适时适度地低一下头，弯一下腰，抖落多余的负担，才能够走出屋檐而步入华堂，避开逼仄而迈向辽阔。

孟买佛学院是印度最著名的佛学院之一，这所佛学院的特点是建院历史悠久，培养出了许多著名的学者。还有一个特点是其他佛学院所没有的，这是一个极其微小的细节。但是，所有进入过这里的学员，当他们再出来的时候，无一例外地承认，正是这个细节使他们顿悟，正是这个细节让他们受益无穷。

这是一个被很多人忽视的细节：孟买佛学院在它正门的一侧，又开了一个小门，这个门非常小，一个成年人要想过去必须弯腰侧身，否则就会碰壁。

其实，这就是孟买佛学院给学生上的第一堂课。所有新来的人，老师都会引导他到这个小门旁，让他进出一次。很显然，所有的人都是弯腰侧身进出的,尽管有失礼仪和风度,却达到了目的。老师说,大门虽然能够让一个人很体面很有风度地出入。但很多时候,人们要出入的地方,并不是都有方便的大门,或者,即使有大门也不是可以随便出入的。这时,只有学会了弯腰和侧身的人,只有暂时放下面子和虚荣的人,才能够出入。否则,你就只能被挡在院墙之外。

孟买佛学院的老师告诉他的学生们,佛家的哲学恰恰就在这个小门里。

其实,人生的哲学何尝不在这个小门里。人生之路,尤其是通向成功的路上,几乎是没有宽阔的大门的,所有的门都需要弯腰侧身才可以进去。因此,在必要时,我们要能够学会弯曲,弯下自己的腰,才可得到生活的通行证。

人生之路不可能一帆风顺,难免会有风起浪涌的时候,如果迎面与之搏击,就可能会船毁人亡,此时何不退一步,先给自己一个海阔天空,然后再图伸展。

妙善禅师是世人景仰的一位高僧,被称为"金山活佛"。他于1933年在缅甸圆寂,其行迹神异,又慈悲喜舍,所以,直至现在,社会上还流传着他难行能行、难忍能忍的奇事。

在妙善禅师的金山寺旁有一条小街,街上住着一个贫穷的老婆婆,与独生子相依为命。偏偏这儿子忤逆凶横,经常喝骂母亲。妙善禅师知道这件事后,常去安慰这老婆婆,和她说些因果轮回的道理,逆子非常讨厌禅师来家里,有一天起了恶念,悄悄拿着粪桶躲在门外,等妙善禅师走出来,便将粪桶向禅师兜头一盖,刹那间腥臭污秽淋满禅师全身,引来了一大群人看热闹。

妙善禅师却不气不恼,一直顶着粪桶跑到金山寺前的河边,才缓缓地把粪桶取下来,旁观的人看到他的狼狈相,更加哄然大笑,妙善禅师毫不在意地道:"这有什么好笑的?人本来就是众秽所集的大粪桶,大粪桶上面加个小粪桶,有什么值得大惊小怪的呢?"

有人问他:"禅师,你不觉得难过吗?"

妙善禅师道:"我一点儿也不会难过,老婆婆的儿子以慈悲待我,给我醍醐灌顶,我正觉得自在哩!"

后来,老婆婆的儿子为禅师的宽容感动,改过自新,向禅师忏悔谢罪,禅师高兴地开释他,受了禅师的感化,逆子从此痛改前非,以孝闻名乡里。

妙善禅师将身体看作大的粪桶,加个小的粪桶,也不稀奇。这种认识正是他高尚的人格和道德慈悲的表现,而正是这一刻他弯下了腰,忍住了屈辱,才感化了忤逆的年轻人。

为人处世,参透屈伸之道,自能进退得宜,刚柔并济,无往不利。能屈能伸,屈是能量的积聚,伸是积聚后的释放;屈是伸的准备和积蓄,伸是屈的志向和目的。屈是手段,伸是目的。屈是充实自己,伸是展示自己。屈是柔,伸是刚。屈是一种气度,伸更是一种魄力。伸后能屈,需要大智;屈后能伸,需要大勇。屈有多种,并非都是胯下之辱;伸亦多样,并不一定叱咤风云。屈中有伸,伸时念屈;屈伸有度,刚柔并济。

人生有起有伏,当能屈能伸。起,就起他个直上云霄;伏,就伏他个如龙在渊;屈,就屈他个不露痕迹;伸,就伸他个清澈见底。

改变世界,从改变自己开始

在威斯敏斯特教堂地下室里,英国圣公会主教的墓碑上刻着这样的一段话:

当我年轻自由的时候,我的想象力没有任何局限,我梦想改变这个世界。

当我渐渐成熟明智的时候,我发现这个世界是不可能改变的,于是我将眼光放得短浅了一些,那就只改变我的国家吧!

但是我的国家似乎也是我无法改变的。

当我到了迟暮之年,抱着最后一丝努力的希望,我决定只改变我的家庭、我亲近的人——但是,唉!他们根本不接受改变。

现在在我临终之际,我才突然意识到:如果起初我只改变自己,接着我就可以依次改变我的家人。然后,在他们的激发和鼓励下,我也许就能改变我的国家。再接下来,谁又知道呢,也许我连整个世界都可以改变。

这段墓文令人深思。

大文豪托尔斯泰也说过类似的话:"全世界的人都想改变别人,就是没人想改变自己。"别说命运对你不公平,其实上帝给每个人都分配了美好的将来,只是看你有没有把握住自己的人生了。有的人用习惯的力量让自己抓住了命运的手。有的人虽然最初与命运擦肩而过,但是他们改变了自己,又让命运转回了微笑的脸。

原一平，美国百万圆桌会议终身会员，荣获日本天皇颁赠的"四等旭日小绶勋章"，被誉为日本的推销之神，但其实在他小的时候是以脾气暴躁、调皮捣蛋、叛逆顽劣而恶名昭彰的，被乡里人称为无药可救的"小太保"。

在原一平年轻时，有一天，他来到东京附近的一座寺庙推销保险。他口若悬河地向一位老和尚介绍投保的好处。老和尚一言不发，很有耐心地听他把话讲完，然后以平静的语气说："听了你的介绍之后，丝毫引不起我的投保兴趣。年轻人，先努力去改造自己吧！""改造自己？"原一平大吃一惊。"是的，你可以去诚恳地请教你的投保户，请他们帮助你改造自己。我看你有慧根，倘若你按照我的话去做，他日必有所成。"

从寺庙里出来，原一平一路思索着老和尚的话，若有所悟。接下来，他组织了专门针对自己的"批评会"，请同事或客户吃饭，目的是让他们指出自己的缺点。

原一平把种种可贵的逆耳忠言一一记录下来。通过一次次的"批评会"，他把自己身上那一层又一层的劣根性一点点剥落掉。

与此同时，他总结出了含义不同的39种笑容，并一一列出各种笑容要表达的心情与意义，然后再对着镜子反复练习。

他开始像一条成长的蚕，在悄悄地蜕变着。

最终，他成功了，并被日本国民誉为"练出价值百万美金笑容的小个子"；美国著名作家奥格·曼狄诺称之为"世界上最伟大的推销员"。

"我们这一代最伟大的发现是，人类可以由改变自己而改变命运。"原一平用自己的行动印证了这句话，那就是：有些时候，迫切应该改变的或许不是环境，而是我们自己。

也许你不能改变别人，改变世界，但你可以改变自己。幸福、成功的第一步，唯需从改变自己开始。

条条大路通罗马

鲁迅曾说："其实世上本没有路，走的人多了，也便成了路。"从另一方面来说，生活中，只会盲从他人，不懂得另辟蹊径者，将很难赢取属于自己的成功和荣耀。

其实，不一定非要拘泥于有没有人走过。人生的道路本来就有千条万条，条条大路都能通向"罗马"，每条路都是我们的选择之一。所以一旦这条路行不通，不要犹豫，立即换一条路，即使这条道上行人稀少、环境恶劣，但这往往就是通向成功宝殿的大门。行行出状元，在无力接受某一课程时，千万不要强求自己，否则只会越来越糟，耽误时间不说，还误了美好前程。

一位叫王丽的姑娘，长得端庄、秀丽，她表姐是外企职工，收入颇高，工作环境也很好，她对王丽的影响很大。王丽也想走进这个阶层，像表姐一样找到外企的工作，过上优越的生活。无奈她的外语水平太差，单词总是记不住，语法也总是弄不懂。马上要面临高考了，她想报考外语专业，可越着急越学不好。她整天想着白领阶层的生活，不知不觉便沉浸其中。

她将所有时间都押在外语上了，其他科目全部放弃。由于只有一条路，她更担心一旦考不上外语系，那就全完了。整天就想着考上以后的生活，考不上又怎么办，而全无心思专心学习。

人生的很多时候都是这样的，当你专注于一条路，你往往忽略了其他的选择。而如果你选择的那条路不是自己擅长走的，那么心理上的压力会让你变得更加茫然，更加找不到方向，你可能因此而进入了一种选择上的误区。

虽然"白日梦"是青春期常见的心理现象，但整天沉醉于其中的人，往往是那些对现状不满意又无力改变的人。因为"白日梦"可以使人暂时忘记不如意的现实，摆脱某些烦恼，在幻想中满足自己被人尊敬、被人喜爱的需要，在"梦"中，"丑小鸭"变成了"白天鹅"。做美好的梦，对智者来说是一生的动力，他们会由此梦出发，立即行动，全力以赴朝着这个美梦发展，而一步步使梦想成真；但对于弱者来说，"白日梦"不啻一个陷阱，他们在此处滑下深渊，无力自拔。

如何走出深渊呢？首先，要有勇气正视不如意的现实，并学会管理自己。这里教给你一个简单而有效的方法，就是给自己制订时间表。先画一张周计划表，把第一天至少分为上午、下午和晚上三格，然后把你在这一周中需要做的事统统写下来，再按轻重缓急排列一下，把它们填到表格里。每做完一件事情，就把它从表上划掉。到了周末总结一下，看看哪些计划完成了，哪些计划没有完成。这种时间表对整天不知道怎么过的人有独特的作用，因为当你发现有很多事情等着做，而且，当你做完一件事有一种踏实的感觉时，就比较容易把幻想变为行动了。你用做事挤走了幻想,并在做事中重塑了自己,增强了自信。

其实要有敢于放弃的勇气和决心,梦是美好的,但毕竟是梦。与其在美梦中遐想,不如另辟他途,走出一条适合自己的路,所以该放弃就放弃,千万不要有丝毫的犹豫和留恋,并迅速踏上另一条通向"罗马"的旅途。

第六章
内心强大，
才能真正无所畏惧

人这一辈子，要受到多少次来自外界的质疑，又有多少次不为其所动。一个人如果必须通过外界的评价来证明自己，这只能说明内心不够强大，只有不再需要依赖外界对自己的评判，自己就能证明自己的时候，内心才是真正强大无比了。真正的强者在于内心的强大。一个内心强大的人，才能真正无所畏惧。也只有内心的强大，我们在生活中才会处之泰然，宠辱不惊，不论外界有多少诱惑多少挫折，都心无旁骛，依然固守着内心那份坚定。

恐惧是人生的大敌

恐惧是人的情感中难解的症结之一。面对自然界和人类社会，生命的进程从来都不是一帆风顺、平安无事的，总会遭到各种各样的挫折、失败和痛苦。当一个人预料将会有某种不良后果产生或受到威胁时，就会产生一种不愉快的情绪，并为此而紧张不安，程度从轻微的忧虑一直到惊慌失措。现实生活中，每个人都可能经历某种困难或危险的处境，从而体验不同程度的焦虑。恐惧作为一种生命情感的痛苦体验，是一种心理折磨。人们往往并不为已经到来的或正在经历的事而惧怕，而是对结果的预感产生恐慌。人们生怕无助、生怕被排斥、生怕孤独、生怕被伤害、生怕死亡的突然降临；同时，人们也生怕失官、生怕失业、生怕失恋、生怕失亲、生怕声誉的瞬息失落。其实，让我们恐惧的这些东西并没有那么可怕，可怕的是恐惧本身，恐惧比什么东西都可怕。

整日游荡在充满各种恐惧的世界里的人会呈现出一副布满焦虑和担忧的脸孔，在他心目中，似乎人生就是永恒的失意。这真是一件令人惋惜的事情！

恐惧虽然阻碍着人们力量的发挥和生活质量的提高，但它并非是不可战胜的。只要人们能够积极地行动起来，在行动中有意识地纠正自己的恐惧心理，那它就不会再成为我们的威胁了。

如果一个人面对令他恐惧的事情时总是这样想："等到没有恐惧心理时再来做吧，我得先把害怕退缩的心态赶走才可以。"这样做的结果往往是把精神全浪费在消除恐惧感上。

恐惧纯粹是一种心理现象，是一个幻想中的怪物，一旦我们认识到这一点，我们的恐惧感就会消失。如果我们都被正确地告知没有任何臆想的东西能伤害到我们，如果我们的见识广博到足以明了没有任何臆想的东西能伤害到我们，那我们就不会再感到恐惧了。

弱者的害怕，是在害怕中充满疑虑；强者的害怕，是在害怕中仍然充满自信。

害怕是人的正常情绪，压抑自己的害怕只会令你更加手足无措；你可以害怕，但是不能输给眼前的敌人。

马克·富莱顿说："人的内心隐藏任何一点恐惧，都会使他受到魔鬼的利用。"美国著名作家、诺贝尔文学奖获得者福克纳说："世界上最懦弱的事情就是害怕，应该忘了恐惧感，而把全部身心放在属于人类情感的真理上。"爱因斯坦说："人只有献身社会，才能找出那实际上是短暂而有风险的生命的意义。"

循着哲人们的脚步，聆听他们智慧的声音，我们还有什么可以恐惧的理由？

勇敢的思想和坚定的信心是治疗恐惧的良药，它能够中和恐惧思想，如同化学家通过在酸溶液里加一点碱，就可以破坏酸的腐蚀性一样。当人们心神不安时，当忧虑正消耗着他们的活力和精力时，他们是不可能获得最佳效率的，是不可能事半功倍地将事情办好的。

所有的恐惧在某种程度上都与人自己的软弱感和力不从心有关，因为此时他的思想意识和他体内的巨大力量是分离的。一旦他开始心力交融，一旦他重新找到了让他自己感到满意和大彻大悟的那种平和感，那么，他将真正体味到做人的荣耀。感受到这种力量和享受到这种无穷力量的福祉之后，他便绝对不会满足于心灵的不安和四处游荡，绝对不会满足于萎靡不振的状态。

在不安、恐惧的心态下仍勇于作为，是克服神经紧张的处方，能使人在行动之中获得活力与生气，渐渐忘却恐惧心理。只要不畏缩，有了初步行动，就能带动第二、第三次的出发，如此一来，心理与行动都会渐渐走上正确的轨道。

恐惧产生的结果多是自我伤害，它不仅让你丧失自信心或战斗力，还能使人被根本不存在的危险伤害。与恐惧相反，勇气和镇定能使人变得强大，能减少或避免危害。所以，在面对危险的时候，一定要临危不乱，牢记勇者无惧的箴言，这样你才能从容面对生活并且走向成功。

直面恐惧才能战胜恐惧

尼克里为了领略山间的野趣，一个人来到一片陌生的山林，左转右转，迷失了方向。正当他一筹莫展的时候，迎面走来了一个挑山货的美丽少女。

少女嫣然一笑，问道："先生是从景点那边迷路的吧？请跟我来吧，我带你抄小路往山下赶，那里有旅游公司的汽车在等着你。"

尼克里跟着少女穿越丛林，阳光在林间映出千万道漂亮的光柱，晶莹的水汽在光柱里飘飘忽忽。正当他陶醉于这美妙的景致时，少女开口说话了:"先生,前面一点就是我们这儿的鬼谷,是这片山林中最危险的路段,一不小心就会摔进万丈深渊。我们这儿的规矩是路过此地,一定要挑点或者扛点什么东西。"

尼克里惊讶地问:"这么危险的地方,再负重前行,那岂不是更危险吗?"

少女笑了,解释道:"只有你意识到危险了,才会更加集中精力,那样反而会更安全。这儿发生过好几起坠谷事件,都是迷路的游客在毫无压力的情况下一不小心摔下去的。我们每天都挑东西来来去去,却从来没人出事。"

尼克里冒出一身冷汗,对少女的解释十分怀疑。他让少女先走,自己去寻找别的路,企图绕过鬼谷。

少女无奈,只好一个人走了。尼克里在山间来回绕了两圈,也没有找到下山的路。

眼看天色将晚,尼克里还在犹豫不决。夜里的山间极不安全,在山里过夜,他恐惧;过鬼谷下山,他也恐惧;况且,此时只有他一个人。

后来,山间又走来一个挑山货的少女。极度恐惧的尼克里拦住少女,让她帮自己拿主意。少女沉默着将两根沉沉的木条递到尼克里的手上。尼克里胆战心惊地跟在少女身后,小心翼翼地走过了这段"鬼谷"路。

过了一段时间,尼克里故意挑着东西又走了一次"鬼谷"路。这时,他才发现"鬼谷"没有想象中那么"深",最"深"的是自己想象中的"恐惧"。

很多人都会对"不可能"产生一种恐惧,绝不敢越雷池一步。

因为太难，所以畏难；因为畏难，所以根本不敢尝试；不但自己不敢去尝试，认为别人也做不到。

困境中，如果你认为自己完了，那你就永远失去了站立的机会。

一旦勇于面对恐惧之后，绝大多数人立刻就会醒悟：自己拥有的能力竟然远远超过原来的想象！

无论你内心感觉如何，你都要摆出一副赢家的姿态。就算你落后了，保持自信的神色，仿佛成竹在胸，也会让你心理上占尽优势，而终有所成。

不要因为恐惧而不敢去尝试，其实人人都是天生的冒险家。从你出生的那一时刻起到5岁之间，人生第一个5年里，是冒险最多的阶段，而且学习能力也比以后更强、更快。

难以想象，在我们的懵懂阶段，整天置身于从未经历过的环境中，不断地自我尝试，学习如何站立、走路、说话、吃饭，等等。在这个阶段的幼儿，无视跌倒、受伤，把一切冒险当作理所当然，也正因为如此，幼儿才能逐渐茁壮成长。

当人的年龄不断增长，经历过许多事情之后，就会变得愈来愈胆小，愈来愈不敢尝试冒险。这是为什么？

其实这是个很简单的道理，大多数人根据过往的经验得知，怎么做是安全的，怎么做是危险的，如果贸然从事不熟悉的事，很可能会对自己产生莫大的威胁。随着年龄的增长，他们越来越安于现状，越来越害怕改变。

行为科学家把这种心态称之为"稳定的恐惧"，也就是说，因为害怕失败，所以恐惧冒险，结果观望了一辈子，始终得不到自己想要的东西。殊不知，凡是值得做的事情多少都带有风险。

危险常常与机会结伴而行。如果听听有成就者的说法，就不难理解一个人在获得成功前，为什么多会遭遇到挫折。一时的挫败并不表示一生的终结，绝不能由于害怕而踌躇不前。为了成功，失败是难以避免的，只要能从失败中吸取教训，此后该怎么做，心里必然一清二楚。

只有直面恐惧，不怕冒险，才能打破恐惧，走向成功。

但由于恐惧心理作祟，很多人宁可躲到一边，远离机会，也不愿意去冒险。恐惧心理有很多类型：担心事情发生变化；害怕遭遇未知的问题；因放弃安定的收入而感到不安，等等。总之，他们认为失败是一件可怕的事。

如果能按照以下几点去做，恐惧将不再发生。

1. 要有必胜的信心

只有自己才能保证自己的将来。工作需按部就班，生意虽有成有败，但知识或经验的价值却永不会消失。一个人只要有信心，无论遭遇什么情况，都不致一筹莫展，而且信心是谁都夺不走的。

小成就的累积，可以培养更大的信心。一个人应该认真地自我反省，努力改进，以建立信心，如此才能在遭遇阻碍时，最大限度地发挥潜力。

2. 冲破恐惧心理

面对伴随着冒险的机会时，内心的恐惧就会对你说："你绝对办不到。"

祛除恐惧的办法只有一个，那就是往前冲。假如对机会心怀恐惧，你更应强迫自己去面对它。一旦获得机会，向前迈进，以后碰上更好的机会时,你就不会恐惧了。

3. 不怕失败,勇于接受挑战

如果毅然接受挑战,至少你可以学到一些经验,增长自己的见识。不要怕失败,也不可因此而一蹶不振。敢向中流游去,即使不能立刻获得成功,一定也能学到宝贵的经验,成功只是时间问题而已。一个人只要肯尽力学习,成功的机会就会逐渐增加。

直面恐惧,让自己成为一个冒险家,人生便不再充满黑暗。敢于争取、敢于斗争,你才能给自己争取到成功境界里的一席之地。如果你无法战胜自己的恐惧心理,成功也就永远与你无缘。所以,不要害怕,去勇敢面对荆棘坎坷吧,这样你才会活得有声有色。

少一点恐惧,多一些乐趣

刘畅工作的地方与一所大学很近,每到吃饭时间他就会到校园食堂里就餐。那是朋友介绍的,刘畅按既定的路线找到食堂。可是那里的消费实在是太高了。刘畅想:"这里肯定还会有别的可以就餐的地方,而且价格肯定要低!"可是刘畅一连4天都不敢向坐在他旁边的本校学生询问,怕暴露他校外人员的身份。刘畅每天像贼一样吃完饭后,就悄悄溜走,心痛着口袋里的钱像流水一样进别人的腰包里。

一天,刘畅的一位朋友来找他,他提议两人在校园里参观一下。于是他带着饱满的精神在校园里行走,他热情勇敢地向女学生打招呼问路,当行人注目着他们时,他甚至扬扬得意起来。他们花了不到30分钟将校园参观了一遍，收获很大：知道了校园医院在哪里，在哪里可以娱乐，哪里的小卖铺东西便宜，他们还发现了可以大饱口福而不用太花钱的地方。

从此以后，刘畅明白了一个道理，多表现一下自己并开口说出来可以省很多钱，这并不像原来想象的那么恐惧，而且能让你得到很多乐趣。

你可能会认为一位60岁的女士买摩托车是在逞强，但玛丽却决定这样做了。

"买它到底干什么？"亲戚、朋友不满地问。

"去探路。"玛丽告诉他们。

"开着小车照样可以做同样的事情。"他们说。

"是的，但我怎能随时停车，去欣赏遍地的野花和倾听小溪的私语呢？"玛丽回答说。

"你会出事的。"他们说。

当然，骑摩托车很危险。玛丽一位朋友的经历对此最具说服力：她曾骑车摔进水坑，付出了折断胳膊的代价；另外有位寡妇在返校途中，跌入了深坑，并因此不敢再出现在讲台上，怕年轻的学生嘲笑。"也许会这样。但这正是我还未驾过轻骑的原因。我决定尝试一下。"玛丽用自己的理由回答他们的好心。

为了好好练习一番，必须得找块安全的场地。玛丽发现了一条石板小径，周末时，她常可独自享有这条小路。每当她对摩托车感到厌烦时，便下车慢悠悠地转一圈，而后便开足马力返回。她的驾驶技术每天都有些长进。玛丽驱车慢行时，常常哈哈大笑，没想到这样无忧无虑、自由地闯入风中会是这般兴奋。

邻居们似乎对此也渐渐产生了兴趣。玛丽骑车经过他们时，他们微笑着招手致意。头一次，她以为是因为自己的头盔、变色镜、长手套和身着皮夹克的"全副武装"模样看起来很有趣。但此后，她从他们脸上看到的，都是热情和对冒险行为的羡慕。

冒险应在占有知识的基础上进行，适度的冒险精神是克服恐惧的良药。其实，恐惧只是一个幻想中的怪物，没有任何臆想的东西能够伤害到我们。

摆脱逃避的沼泽

现实生活中，常有人以逃避来麻醉自己，以减轻痛苦。

有人说"人生最大的错误是逃避"。的确，在成功的道路上，因为恐惧而逃避是一个极大的障碍。心理学家认为，逃避是一种"无法解决问题"的心态和没有勇气面对挑战的行为。在现实生活中，如果畏缩不前，战战兢兢，就永远也看不到成功。

有些人想出去旅行；有些人则努力地寻找快乐，去各种地方，做各种各样的事情。我们也可能会做一些好的工作，但是，在我们能够直面这些事情之前，我们一直是恐惧的、不快乐的。

任务没有完成、问题没有解决、挑战没有应付……就好像旧账没有还一样，最终还是要回来还债，并且交还本息，而它的利息就是品尝自己因为懦弱地离开而种下的苦果。

如果一个人不能在重大的事情上接受生命的挑战，他就不可能心境平和，不可能有快乐的感觉，同样，也不可能摆脱这些困扰。

伺军有着令人羡慕的职业，他是一个因循守旧的人，不习惯面对变化与改革。当他得知自己可能被指派去干他既不熟悉也不喜欢的工作时，潜在的焦虑、恐惧与厌世情绪随即涌上心头。他本来可以去竞争另外一个更适合自己的职位，可是他由于胆怯自卑而失去了竞争的勇气。正是这种逃避竞争、习惯于退缩的心态，使他陷入绝望的深渊之中。这种扭曲的心态和错误的认知观念使他放弃了所有的努力。

其实，人的一生，或多或少都会遇到一些意外和不如意的事情，而我们能否以健康的心态来面对是至关重要的。

有这样一则寓言故事正说明了逃避能够带来的人生是什么样的。

一个雨夜，一只猴子和一只癞蛤蟆坐在一棵大树底下，一起抱怨这阴冷的天气。

"咳！咳！"最后猴子被冻得咳嗽起来。

"呱—呱—呱！"癞蛤蟆也冷得叫个不停。

当它们被淋成了落汤鸡、冻得浑身发抖的时候，它们商议再也不过这种日子了，于是它们决定天一亮就去砍树，用树皮搭个暖和的棚子。

第二天一早，当橘红的太阳在天边升起，金色的阳光照耀着大地的时候，猴子尽情地享受着阳光的温暖，癞蛤蟆也躺在树根附近晒太阳。

猴子从树上跳下来，问癞蛤蟆：

"嗨！我的朋友，你现在感觉如何？"

"啊哈，再好不过了！"癞蛤蟆回答说。

"我们现在还要不要去搭棚子呢？"猴子问。

"猴子老兄，你说是动刀动斧地砍树皮好呢，还是在温暖的阳光下饱饱地睡上一觉好呢？"癞蛤蟆懒洋洋地说，"再说动刀动斧的，碰到自己怎么办？"

"那好吧，棚子可以等明天再搭！"猴子也爽快地同意了。

它们为温暖的阳光整整高兴了一天。

天有不测风云，傍晚，又下起雨来。

它们又一起坐在大树底下。

"咳！咳！"猴子又咳嗽起来。

"呱—呱—呱！"癞蛤蟆也冻得喊个不停。

它们再一次下了决心：明天一早就去砍树，搭一个暖和的棚子。

可是，第二天一早，橘红的太阳又从东方升起，大地再一次洒满了金光。猴子高兴极了，赶紧爬到树顶上去享受太阳的温暖。癞蛤蟆也一动不动地躺在地上晒太阳。

猴子又想起了昨晚说过的话，可是，癞蛤蟆却说什么也不同意："干吗要浪费这么宝贵的时光，棚子留到明天再搭嘛！"

这样的情景，一直重复出现。迄今为止，它们的情况都没有任何变化。

生活中，我们常把明天作为逃避今天的心灵寄托，而当明天一旦来临，你的逃避心理又在为另一个明天"起草稿"，这样的人生不失败又能如何？所以，从现在开始就停止你的抱怨、拖延、逃避吧。因为抱怨会赶走机遇，拖延会颓废生命，逃避会让你永远守着今天而看不到明天。

面对竞争，面对压力，面对坎坷，面对困厄，有人选择了逃避，有人选择了面对和征服，结果不言而喻，越是逃避越是躲不开失败的命运，越是敢于迎头而上越是能够品尝成功的甘甜。

有人说，一个人在心理状况糟糕的时候，不是走向逃避和崩溃，就是走向担当和希望。有些人之所以一再的不如意，根本原因就在于他们选择了逃避。如果我们能够善待自己，接纳自己，并不断克服自身的缺陷，克服逃避的心理，我们就能拥有更为美好的人生。

怎样做才能克服逃避心理呢？

首先，要克服自己的怯懦心理。很多人逃避责任不是因为没有能力，而是因为存在怯懦心理。

其次，告别懒惰。懒惰是逃避者的一大通病，任何懒惰的人都不会获得成功。

再次，切实负起责任。一个习惯于逃避的人，必须培养和树立责任心，才有可能勇敢地承担责任，才能去做自己想做的事，否则就会畏首畏尾，永远走不出黑暗。不论遇到什么问题，哪怕是面临失败，也不要灰心丧气，要勇敢地正视它，以积极的态度寻找应变的方法。一旦问题解决了，自信心也会随之增加，逃避的行为就会消失了。

恐惧的邪恶力量

恐惧是一种对人影响最大的情绪，几乎渗透到人们生活的每个角落，每个人都有惧怕的事情或者情景，而且不少事物或情景是人们普遍惧怕的，如雷电、火灾、地震、生病、高考、失恋等。现实生活中，我们可以看到有的人的恐惧心理异于正常人。这种无缘无故的与事物或情景极不相称、极不合理的异常心理状态，就是恐惧心理。它是一种不健康的心理，严重的即是恐惧症。

因为恐惧是一种企图摆脱困难而苦于无力的情绪，所以一旦寻得摆脱的途径，就会迸发出巨大的力量。

恐惧是大脑的一种非正常状态，它是由于人本身经历的扭曲或伤害引起的。它产生的原因已经为大部分人所遗忘。我们不希望承认自己恐惧，这种恐惧感被我们深埋在心底，犹如一个毒瘤。

一个美国电气工人，在一个周围布满高压电器设备的工作台上工作。他虽然采取了各种必要的安全措施来预防触电，但心里始终有一种恐惧，害怕遭高压电击而送命。有一天他在工作台上碰到了一根电线，立即倒地而死，身上表现出触电致死者的一切症状：身体皱缩起来，皮肤变成了紫红色与紫蓝色。但是，验尸的时候却发现了一个惊人的事实：当那个不幸的工人触及电线的时候，电线中并没有电流通过，电闸也没有合上——他是被自己害怕触电的自我暗示杀死的。

很多时候，恐惧其实并不能伤害我们。在忐忑不安的心绪的支配下,一种自然而然的焦虑就会在我们的心中积聚起来,转化为恐惧和惊慌失措。在这种情况下,我们就不能充分地享受生活了。因为恐惧,我们不敢去努力争取我们真心想得到的东西。由于害怕失败,我们会拒绝承担责任。由于害怕与他人不一致,我们就可能放弃自身的个性。

另一方面,恐惧会让我们的情绪紧张,这种紧张情绪会让我们排斥现实生活中的困难,然后完全沉浸在我们自己想象的世界里,在这个想象的世界里,他是掌控一切的王者。然而,一旦我们回归到现实生活中,我们就会发现自己可掌控的太少。这种巨大的落差感使得我们痛苦万分。为了逃避这种痛苦,我们只好继续沉溺在想象的世界里,完成自己在现实生活中未竟的梦想。因此,我们尽量减少了各种活动,生活条件也削减到无处可退的地步。我们可能独处一室,几乎不出房门一步,或干脆藏身到朋友或亲戚家的地窖里,剩下的唯一可去的地方就是我们内心最深处,但由于我们的内心是恐惧的真正源头,所以一味地逃避最后也成了我们的祸根。

我们恐惧现实,在我们看来,现实中的一切都是汹涌的、吞噬性的力量,整个世界好像就是一个荒诞的噩梦,一种发了疯的景致。在这个荒诞的世界里,我们找不到任何可以给予他们安慰和信心的东西。而且,我们越是透过自己扭曲的感知力看世界,就越是感到恐怖和绝望。

随着其恐惧范围的扩散和恐惧强度的增加,越来越多的现实遭到日益严重的扭曲,以致我们最后什么事都做不了,因为一切都染上了恐怖的味道:天花板随时都会坍塌砸到自己,桌子上的水果刀随时都可能飞过来刺伤自己……总之,他们开始频繁地出现幻听、幻觉，开始觉得自己的身体就像外星人一样异性，这让他们感到恐惧，并时刻提高警惕，一刻也安静不下来。结果，他们的身体被弄得疲惫不堪，各种问题堆积在了一起。

随着内心恐惧感的加深，我们越发不相信自己应对世界的能力，越发逃避与外界的接触，逐渐退回到与世隔绝的状态。这个时候，我们已然沦为了恐惧的奴隶，逐渐丧失了对抗的能力。

怀疑自己的能力

悲观和失望等消极的情绪常常会让人们失去正常的判断力。所以，一个人在沮丧难过的时候，一定不要马上着手做重要事情，特别是可能会对我们的生活产生深远影响的人生大事，因为沮丧会使你的决策陷入歧路。一个人在看不到希望时，仍能够保持乐观，仍能善用自己的理智，这是十分不容易的。

当一个人在事业上经历挫折的时候，身边的人会劝你放弃，此时，如果听从了他们的话，那么我们注定会失败，如果能够再坚持一下，摆脱悲观的情绪，也许我们就能成功。

许多年轻人，他们在工作遭遇困难的时候选择了放弃，换成了自己完全不熟悉的领域，可是这样面对的困难更大，如果还是没有信心，任由悲观失望的情绪控制，那么就注定了一事无成。

悲观的时候，智慧才是最有用的，它能够帮助你做出正确的抉择：当有人引诱你放弃自己的道路时，你能坚定自己的目标而不受外界的影响；当自己的心开始动摇的时候，能够宽慰自己，让自己冷静下来。杰克就是这样做的。

一直以来,当医生都是杰克最大的梦想,为此他考上了医学院,想要深造。刚开始学习的时候,他满心欢喜,完全沉浸在了幸福的氛围里。可是,好景不长,基础知识学完了,他们进入了解剖学和化学的课程。每天都要面对着不同的尸体,杰克感觉到恶心。以后的日子里,他每天走进实验室都心惊胆战,唯恐又见到什么让人想呕吐的景象。

恐惧的心情一直折磨着杰克。他开始怀疑自己的选择是错误的,自己并不适合医生的行业。思考了之后,他决定退学,选择一个更适合自己的职业。他把自己的决定告诉教授,教授说:"再等等吧,你现在的决定并不能代表你的心声。等到你的决定忠于了你的心的时候,你再来找我。"

日子一天一天过去,开始的时候,杰克每天都在受着煎熬,时间长了,他习惯了实验室里消毒水的气味,熟悉了各种尸体的结构,也就不再对实验室感觉到畏惧了。四年后,杰克以优异的成绩毕业,他接受了一家大医院的聘请,成了那里最年轻的医生。

有一次,杰克回去看教授,他笑着对杰克说:"还记得吗?你当年想放弃。""是的,教授,您阻止了我。"教授说:"那时候你太悲观,还不能了解自己的心,所以我让你冷静下来。杰克,你记着,人在悲观失望的时候,千万别马上做决定,要给自己一点时间想一想,之后得到的答案也许就跟原来不同了。"

一个人失意时,头脑一片混乱,甚至会因此产生绝望的情绪,这是一个人最危险的时候，最容易做出糊涂的判断、糟糕的计划。一个人悲观失望时，就没有了精辟的见解，也无法对事物认识全面，也就失去了准确的判断力。所以忧郁悲观的时候，一定不能做出重要决断，等到头脑清醒、心情平复的时候，我们才可以设计更好的计划。

艾琳诺·罗斯福有这样一句名言：恐惧是世界上最摧折人心的一种情绪。

高达百丈的两道悬崖夹着一条峡谷。悬崖十分陡峭，由几道光秃秃的铁索连接，充当过河的桥。

有四个人一起来到桥头，一个是瞎子，一个是聋子，另外两个是不瞎不聋的健全人，他们都要过河。他们一个一个地抓住铁索，凌空行进。结果，盲人、聋子过了桥，一个耳聪目明的人也过了桥，另一个则跌到了湍急的水流中，丢了性命。

瞎子说："我眼睛看不见，不知山高桥险，自然可以心平气和地攀索过桥。"

聋子说："我的耳朵听不见，不管水流如何咆哮怒吼，在我这里都是一片寂静，自然也可以坦然无惧地攀索过桥。"

安全过桥的健全人说："我过我的桥，险峰与我何干？急流与我何干？只管一步步落稳脚跟，不断向前就是了。"

很多时候，实现理想，追求成功的过程，就像是在水流湍急、山高峰险的悬崖峭壁间过铁索桥。失败的原因和智商、力量等因素并不相关，而往往是被周围的环境所震慑，不敢放胆一搏。

我们应该向那些已经顺利过桥的人学习。一个人只要不自我设限，记住"险峰与我何干"，不畏惧眼前或周围的困难、险境，就能为自己开创一片无限广阔的天地。

害怕失败的后果

生活中，很多人常常会感到恐惧、不安，虽然有时候连他们都说不清楚他们在恐惧什么。其实，每个人的内心都潜藏着恐惧，可能恐惧的来源不一样，但是恐惧的情绪确是大同小异的。

一个小朋友说：

"在学校里，如果老师交代的任务有明确的标准指示，我就很喜欢去做，并且可以做得很好；而一旦老师没有把要做的事交代清楚，那么我就会觉得无所适从。我很怕做错事令人们不认可我的能力而抛弃我，所以我认为当没有明确对错的标准时，不做就不会错，这是最好的办法。"

在这个小朋友看来，生命充满了不可知的变量，但只要能够有足够的准备和负责任的态度，就可以安全度过所有的危难。因此，像这样的人似乎永远在预测着将来的危难，凡事都能让他们联想到各种负面的可能性。他们总是在头脑中想象出各种各样糟糕的状况，并为此感到深深的担忧和恐惧，这种担忧和恐惧又会转换成焦虑不安的情绪。

一位空军飞行员说："二次大战期间，我担任 F6 战斗机的驾驶员。头一次任务是轰炸、扫射东京湾。从航空母舰起飞后，一直保持高空飞行，然后再以俯冲的姿态滑落至目的地 300 英尺上空执行任务。然而，正当我以雷霆万钧的姿态俯冲时，飞机左翼被敌军击中，顿时翻转过来，并急速下坠。"我发现海洋竟然在我的头顶。你知道是什么东西救我一命的吗？"

飞行员说到这里停顿了一下，继续说道："我接受训练的期间，教官一再叮咛说，在紧急状况中要沉着应付，切勿轻举妄动。飞机下坠时，我就只记得这么一句话，因此，我什么机器都没有乱动，我只是静静地想，静静地等候把飞机拉起来的最佳时机和位置。最后，我果然幸运地脱险了。假如我当时顺着本能的求生反应，未待最佳时机就胡乱操作了，必定会使飞机更快下坠而葬身大海。"

他再强调："一直到现在，我还记得教官那句话：'不要轻举妄动而自乱脚步；要冷静地判断，抓住最佳的反应时机。'"

成功人士总是在明晰情况后，才付诸行动。可以想象，如果方向错了，行动越快，显然会陷得越深。只有遇事沉着冷静，才能有效地处理问题。

沉不住气的人遇到紧急情况时最容易失败，因为急躁的情绪已经占据了他们的心灵，他们没有时间考虑自己的处境和地位，更不会坐下来认真思索有效的对策。在发展进步的过程中，面对大的震惊，不要惊慌失措，要镇定自若，冷静地去面对，这是一个人的气度和能耐。这种气度和能耐来自于理智的头脑，这种气度和能耐使人在大的变动中沉着应对，处变不惊。

但生活中通常有很多人在做每件事前都显得犹豫不决，这其实就是一种恐惧情绪。

之所以有这种恐惧情绪，是因为他们想得太多、做得太少，并因此而退避三舍，不愿面对。他们充满矛盾的原因是，一方面他们对他们所期待的东西充满了向往，而另一方面他们又给自己设下种种心理障碍，让自己不敢行动。当看到其他人发出行动获得成功时，他们会感到深深的失落和焦躁，甚至会产生自我怨恨的情绪。对这种情绪我们应该冷静面对，理智地去处理。如果我们在面对恐惧时能够沉着冷静，我们就能得到更接近客观的评价，就能迅速找到正确有效解决问题的方法。

不要被恐惧束缚手脚

我们的恐惧情绪，有一部分是来自于怕犯错误。我们总是小心翼翼地往前迈进，生怕迈错一步，给自己带来悔恨和失败。其实，错误是这个世界的一部分，与错误共生是人类不得不接受的命运。

错误并不总是坏事，从错误中汲取经验教训，再一步步走向成功的例子也比比皆是。因此，当出现错误时，我们应该像有创造力的思考者一样了解错误的潜在价值，然后把这个错误当作垫脚石，从而产生新的创意。

事实上，人类的发明史、发现史到处充满了错误假设和失败观念。哥伦布以为他发现了一条到印度的捷径；开普勒偶然间得到行星间引力的概念，他这个正确假设正是从错误中得到的；再说爱迪生还知道上万种不能制造电灯泡的方法呢。

错误还有一个好用途，它能告诉我们什么时候该转变方向。比如你现在可能不会想到你的膝盖，因为你的膝盖是好的；假如你折断一条腿，你就会立刻注意到你以前能做且认为理所当然的事，现在都没法做了。假如我们每次都对，那么我们就不需要改变方向，只要继续进行目前的方向，直到结束。

不要用别人走过的路来作为自己的依据，要知道，自己若不去验证，你永远都不知道那是不是一个错误的依据。

其实，你也可以用反躬自问的方式来驱赶错误带给你的恐惧，例如，我从错误中可以学到什么？你可以测试你认为犯下的错误然后把从中得到的教训详列出来。千万别放弃犯错的权利，否则你便会失去学习新事物以及在人生道路上前进的能力。你要牢记，追求完美心理的背后隐藏着恐惧。当然，追求完美也无须冒着失败和受人批评的危险。不过，你同时会失去进步、冒险和充分享受人生的机会。说来奇怪，敢于面对恐惧和保留犯错误权利的人，往往生活得更快乐和更有成就。

马尔登曾说过："人们的不安和多变的心理，是现代生活多发的现象"。他认为，恐惧是人生命情感中难解的症结之一。面对自然界和人类社会，生命的进程从来都不是一帆风顺、平安无事的，总会遭到各种各样、意想不到的挫折、失败和痛苦。当一个人预料将会有某种不良后果产生或受到威胁时，就会产生这种不愉快情绪，并为此紧张不安、忧虑、烦恼、担心、恐惧，程度从轻微的忧虑一直到惊慌失措。

最坏的一种恐惧，就是常常预感着某种不祥之事的来临。这种不祥的预感，会笼罩着一个人的生命，像云雾笼罩着爆发之前的火山一样，束缚住我们的手脚，让我们失去挣扎的力量，而被死死地困在里面。

输给自己的假想敌

到了一个阴森森、黑漆漆的地方，我们会感到毛骨悚然，心跳加速，好像危险的事就要发生，于是步步惊魂，随时提高警惕，严阵以待。但是到了最后，往往什么事也没有发生，自始至终，都是我们自己在吓唬自己。所有紧张、恐惧的情绪其实全都来自于自己的想象。

小光刚到深圳打工时，在一家酒吧做服务生。

自从第一天上班，老板便特别提醒小光："我们这一带有一个人，经常来白吃白喝，心情不好的时候，还会把人打得遍体鳞伤，因此，如果你听到别人说他来了，你什么也别想，想尽办法赶快跑就对了。因为这个人实在太蛮横了，连警察都不放在眼里，上一个酒保被他打伤，到现在还躺在医院里。"

某一天深夜，酒吧外面忽然一阵大乱，有人告诉小光说那个经常闹事的人来了。

当时，小光正在上厕所，等到他走出来时，酒吧里的客人、员工早就跑得干干净净，连个影子也见不到了。

这时，只听见"砰"的一声，前门被人踢开了，一个凶神恶煞般的男人大步走进门。他的脸上有一道刀疤，手臂上的刺青一直延伸到后背。

他二话不说，气势汹汹地在吧台前坐了下来，对小光吼道："给我来一杯威士忌。"

小光心想，既然已经来不及逃跑了，不如就试着赔笑脸，尽量讨这个人的欢心，以保全自己吧！于是，他用颤抖的双手，战战兢兢地递给那个男人一杯威士忌。

男人看了小光一眼，一口气把整杯酒饮干，然后重重地把酒杯放下。

看到这一幕，小光的心脏简直快要跳出来了，若不是酒吧里还放着音乐，他的心跳声一定会被人听见。小光勉强鼓起勇气，小声地问道："您……您要不要再来一杯？"

"我没那时间！"男人对着他吼道，"你难道不知道那个喜欢闹事的人就要来了吗？"

不久，那个男人就走了，小光这才重重地舒了一口气。小光这才发现，其实那个人并不可怕，只是人们无形之中把恐惧扩大了。

很多时候，人们就像案例中的小光一样，到事情结束后才发现恐惧是自己制造的。

对于我们来说，世界是一个宏大的舞台，其中就有很多镁光灯照不到的地方，而我们有的时候就被迫在这些带给我们不安的黑暗中去跳舞，想象着各种危险，有的时候甚至逃避着这一切。

其实这个社会中不仅只有你一个人面临这些焦虑和恐惧，很多人都曾在某个时刻被突如其来的未知恐惧所打垮。

与陌生人的交往就是这么一种典型状况，我们把陌生人想象成很可怕的样子，然后害怕与他们交往。

一份来自美国的研究资料称，约有40%的美国人在社交场合感到紧张，那些神采奕奕的政界人士和明星，也有手心出汗、词不达意的时候，还有一些人表面上侃侃而谈、镇定自若，实际上手心早已一把汗。

事实上，我们每个人都需要面对自己的焦虑、紧张情绪，如果你承认并接纳这种紧张情绪，你很快就能抛开它。而那些让紧张情绪影响工作和生活的人，则被心理专家定性为患有社交焦虑症或社交恐惧症的人，他们的糟糕表现，往往是因为不能承认自己的焦虑和紧张情绪所致。

对某些事物或情景适当的恐惧，可使人们更加小心谨慎，有意识地避开有害、有危险的事物或情景，从而更好地保护自己，避免遭受挫折、失败和意外事故。过度的恐惧则是最消极的一种情绪，并且总是和紧张、焦虑、苦恼相伴，而使人的精神经常处于高度的紧张状态。严重影响一个人的学习、工作、事业和前途。因此它必然损害健康，引起各种心理性疾病，长期的极端恐惧甚至可使人身心衰竭。

为了自己的健康和进步，有恐惧心理的人必须下定决心，鼓足勇气，努力战胜自己不健康的恐惧心理。

现在，请闭上眼睛，什么都不要想，彻底放松，除去一切的紧张，然后让憎恨、愤怒、焦虑、嫉妒、艳羡、悲痛、烦忧、失望等精神中的一切不利因素离你而去，你会感到轻松无比。

不能正确认识已经历或未经历的事

有的学者说："愚笨和不安定产生恐惧，知识和保障却拒绝恐惧。"有的学者进一步指出："知识完全的时候，所有恐惧，将统统消失。"古罗马箴言说："恐惧所以能统治亿万众生，只是因为人们看见大地寰宇，有无数他们不懂其原因的现象。"宋朝理学家程颢、程颐认为："人多恐惧之心，乃是烛理不明。"显然，恐惧产生于惧怕，但惧怕的形成源于无知，源于对已经历或未经历的事的不认识。

无论作为个人还是作为社会，恐惧都是我们今天面对的最大的挑战之一。恐惧使我们无法充分地展示自我，同时又阻碍着我们爱自己和爱他人。没来由的、荒谬可笑的恐惧会把我们囚禁在无形的监牢里。随着先进的通信技术把世界各地发生的事件送进每个家庭，我们能了解到其他地区的文明，于是，我们对不可知物的恐惧与无知的阴影就会逐渐消失。

夏天的傍晚，有个人独自坐在自家后院，与后院相毗邻的是一片宁静的森林。这人的目的，就是要在大自然的怀抱中放松身心，享受一下黄昏时分的宁静。随着天色渐渐暗下来，他注意到，树林里的风越刮越大了。于是他开始担心，这样的好天气是否还能保持下去。接着，他又听到树林深处传来一些陌生的声音。他甚至猜想，可能有吃人的动物正向他走来。

不一会儿，这个人满脑子都是这种消极的想法，结果变得越来越紧张。这个人越是让怀疑和恐惧的念头进入他的头脑，他就离享受宁静夏夜的目标越远。这个人的体验很好地验证了布赖恩·亚当斯的生活法则："恐惧是无知的影子，若抱有怀疑和恐惧的心理，势必导致失败。"

在忐忑不安的情绪支配下，焦虑会在我们的心中积聚起来，转化为恐惧和惊慌失措，情绪就是这么层层递进的。在这种情况下，我们就不能充分享受生活了。面对可能蒙受的耻辱，我们就会退缩和自暴自弃，不去做创造性的贡献。由于害怕遭到拒绝，我们就不敢去努力争取我们真心想得到的东西。由于害怕失败，我们会拒绝承担责任。由于害怕与他人不一致，我们会放弃自身的个性。因而，消除恐惧心理，是十分必要的。

我们也许听说过这句老话："你不知道的东西不会伤害你。"其实完全不是这么回事。无知并不是福气，相反，它往往会引起消极负面的情绪。

不轻易给自己下判决书

也许你遇到过这样的情况，当领导分配给你一项超出你能力的工作时，就会感到害怕，害怕不能如期完成，害怕不能达到领导的要求，害怕耽误自己的业绩。有了这些恐惧之后，你就会觉得困难重重，无论如何也不可能漂亮地完成老板分配的工作。此时，你所遇到的困难已经远远超过做事情本身，恐惧给你的工作和情绪产生了不良的影响。

这种恐惧人人都有，许多年轻人也不例外。有些人对一切都怀着恐惧之心：他们怕风，怕受寒；他们吃东西时怕中毒，经营商业时怕赔钱；他们怕人言，怕舆论；他们怕困苦时刻的到来，怕贫穷，怕失败，怕收获不佳，怕雷电，怕暴风……他们的生命中，充满了恐惧。

恐惧能摧残人的创造精神，能使人的精神机能趋于衰弱。一旦心怀恐惧的心理、不祥的预感，则做什么事都会出现困难，也不可能有效率。恐惧代表着、指示着人的无能与胆怯。这个恶魔，从古至今都是人类最可怕的敌人，是人类文明事业的破坏者。

当整个心态和思想随着恐惧的心情而起伏不定时，干任何事情都不可能收到功效。在实际生活中，真正的困难其实并没有我们想象中的那么大。如果我们能以一颗积极的心对待，那些使得我们未老先衰、愁眉苦脸的事情，那些使得我们步履沉重、面无喜色的事情，就能克服了。

恐惧是人类最大的敌人。不安、忧虑、嫉妒、愤怒、胆怯等，都是恐惧的一种表现。恐惧剥夺了人的幸福与能力，使人变为懦夫；恐惧使人失败，使人流于卑贱。因此，克服恐惧，已成为每个人都要面对的重大问题。

恐惧纯粹是一种心理想象，是一个幻想中的怪物，一旦我们认识到这一点，我们的恐惧感就会消失。如果我们的见识广博到足以明了没有任何臆想能伤害到我们，那我们就不会再感到恐惧了。

恐惧虽然阻碍着人们力量的发挥，给人们做事情带来一定的困难，但它并非是不可战胜的。只要人们能够积极地行动起来，在行动中有意识地纠正自己的恐惧心理，就会减少人们做事情的畏难情绪，那它就不会再成为人们的威胁了。

那么，怎样排除恐惧呢？

首先，你要进行自我激励，不断地在内心里对自己说："没什么可恐惧的，我一定可以把事情做好。"自我激励就是鼓舞自己做出抉择并且行动起来。自我激励能够提供内在动力，例如，本能、热情、情绪、习惯、态度或想法等，能够使人行动起来。

其次，行动起来，用事实克服恐惧。很多事情没有做的时候，常常会感到恐惧。恐惧给我们带来了很大的困难，但是一旦做起来，就不会感到恐惧了。特别是事情做成功了，就可以克服恐惧，树立起信心。

最后，把事情的最坏结果想象出来，如果最坏的结果你能够承受，那么就没有必要恐惧了。

我们要认识到自己现在对生活的恐惧是早期没有树立信心造成的，这种恐惧不克服就会使自己做事情时产生更多的畏难情绪，严重影响到今后的发展，在恐惧所控制的地方，不可能达成任何有价值的成就。所以，一个做事有"手腕"的人要想成功，就要改变自己，克服恐惧，肯定自己，将畏难情绪紧锁起来。

第七章

感谢折磨你的人，在沉默中超越一切对手

生活中，当遭受批评、伤害、欺负、背叛、欺骗、责罚、讽刺等折磨时，我们不要愤恨、抱怨，更不要以牙还牙，相反，还要感谢那些折磨自己的人。是他们激发了我们的斗志，强化了我们的双腿，增加了我们的智慧，让我们变得更加坚强……折磨是对手给予你的阶梯，是生活对你能力和毅力的试探。如果用积极的心态看待折磨，就会发现磨难原来是个友善的朋友。

给自己一个突破自我的机会

一个人不管你想要在哪个方面获得成功，也不管你能够获得成功的条件和环境有多么好，如果你不能突破自我便不能成功。

伏尔泰说："不经历巨大的痛苦，不会有伟大的事业。"我们每做一件事，都会在心中形成一个障碍，直至完成，这些障碍都会一直存在，很多人因此而陷入失败。

很多人花费许多力气去找寻"无法成功"的原因，其实他们不知道自我设限就是主要原因。

因此，在面临生活中这样那样的不如意时，不妨将这些不如意当作一次突破自我的机会，勇敢地跨越自我的极限，生命就会更上一层楼。

德山禅师在尚未得道之时曾跟着龙潭大师学习，日复一日地诵经苦读让德山有些忍耐不住，一天，他跑来问师父："我就是师父翼下正在孵化的一只小鸡，真希望师父能从外面尽快地啄破蛋壳，让我早日破壳而出啊！"

龙潭笑着说："被别人剥开蛋壳而出的小鸡，没有一个能活下来的。母鸡的羽翼只能提供让小鸡成熟和有破壳力的环境，你突破不了自我，最后只能胎死腹中。不要指望师父能给你什么帮助。"

德山听后，满脸迷惑，还想开口说些什么，龙潭说："天不早了，你也该回去休息了。"德山撩开门帘走出去时，看到外面非常黑，就说："师父，天太黑了。"龙潭便给了他一支点燃的蜡烛，他刚接过来，龙潭就把蜡烛熄灭，并对德山说："如果你心头一片黑暗，什么样的蜡烛也无法将其照亮啊！即使我不把蜡烛吹灭，说不定哪阵风也要将其吹灭！只有点亮心灯一盏，天地才能一片光明。"

德山听后，如醍醐灌顶，后来果然青出于蓝，成了一代大师。

鹰是世间寿命最长的鸟类，它一生的年龄可达70岁。在40岁时，它如果要继续活下去，必须经历一次痛苦的重生。

当鹰活到40岁时，它的爪子开始老化，不能有力地抓住猎物。它的喙开始变得又长又弯，几乎触到胸膛。它的翅膀也开始变得沉重，因为它的羽毛长得又浓又厚，飞翔都显得有些吃力。

这时它只有两种选择：等死，或开始一次痛苦的重生——150天漫长的折磨。它必须很卖力地飞到山顶，在悬崖上筑巢，停留在那里，不能飞翔。

鹰首先用它的喙击打岩石，直到喙完全脱落。然后静静地等待新的喙长出来。它会用新长出的喙把指甲一根一根地拔出来。当新的指甲长出来后，就再把羽毛一根一根地拔掉。5个月以后，新的羽毛长出来了，鹰经历了一次再生。

如果40岁的鹰选择逃避，那么等待它的就是生命的枯萎，它唯有选择经历苦痛，生命才得以再生。重生与成功的道路上注定会荆棘密布。

人生道路上，每一次辉煌的背后肯定都有一个凤凰涅槃的故事，世上没有不弯的路，人间没有不谢的花。折磨原本就是生命旅途中一道不可或缺的风景。

生命，总是在各种各样的折磨中茁壮成长。

生活在折磨中升华

只有历经折磨的人，才能够更快、更好地成长，生活，只能在折磨中得到升华。

自从人被赶出了伊甸园，人的日子就不好过了。在人的一生当中，总会遇到失业、失恋、离婚、破产、疾病等厄运，即使你比较幸运，没有遭遇以上那些厄运，你也可能要面临升学压力、工作压力、生活压力等各种烦心事，这些事在人生的某一时期萦绕在你的周围，时时刻刻折磨着你的心灵，使你寝食难安。

法国作家杜伽尔曾说过这样一句话："不要妥协，要以勇敢的行动，克服生命中的各种障碍。"

被誉为"经营之神"的松下幸之助并不是一个社会的幸运儿，不幸的生活却促使他成为一个永远的抗争者。家道中落的松下幸之助9岁起就去大阪做一个小伙计，父亲的过早去世使得15岁的他不得不担负起生活的重担，寄人篱下的生活使他过早地体验了做人的艰辛。

1910年，松下幸之助独自来到大阪电灯公司做一名室内安装电线练习工，一切从头学起。不久，他诚实的品格和上乘的服务赢得了公司的信任。22岁那年，他晋升为公司最年轻的检验员。就在这时，他遇到了人生最大的挑战。

松下幸之助发现自己得了家族病，已经有9位家人在30岁前因为家族病离开了人世，这其中包括他的父亲和哥哥。当时的境况使他不可能按照医生的吩咐去休养，只能边工作边治疗。他没了退路，反而对可能发生的事情有了充分的精神准备，这也使他形成了一套与疾病做斗争的办法：不断调整自己的心态，以平常之心面对疾病，调动机体自身的免疫力、抵抗力与病魔斗争，使自己保持旺盛的精力。这样的过程持续了一年，他的身体也变得结实起来，内心也越来越坚强，这种心态也影响了他的一生。

患病一年以来的苦苦思索，希望改良插座得到公司采用的愿望受挫的打击，使他下决心辞去公司的工作，开始独立经营插座生意。

一次又一次的打击并没有击垮松下幸之助，他享年94岁高龄，这也向人们表明，一个人只有从心理上、道德上成熟起来时，他才可以长寿。他之所以能够走出遗传病的阴影，安然渡过企业经营中的一个个惊涛骇浪，得益于他永葆一颗年轻的心，并能坦然面对生活中的各种挫折的折磨。松下幸之助说过："你只要有一颗谦虚和开放的心，你就可以在任何时候从任何人身上学到很多东西。无论是逆境或顺境，坦然的处世态度，往往会使人更聪明。"

人生在天地之间，就要面临各种各样的压力，这些压力对人形成一种无形的折磨，使很多人觉得人生在世就是一种苦难。

其实，我们远不必这么悲观，生活中有各种各样的折磨人的事，但是生命不一直在延续吗？人类不也一直在前进吗？很多事情当我们回过头来再去看的时候，就会发现，生命历经折磨以后，反而更加欣欣向荣。

事实就是这样，没有经过风雨折磨的禾苗永远不能结出饱满的果实，没有经过折磨的雄鹰永远不能高飞，没有经过折磨的士兵永远不会当上元帅，没有被老板、上司折磨过的员工也永远不能提高业务能力……这就是自然界告诉我们的一个很简单的道理：一切事物如果想要变得更强，必须经过折磨。

人也一样，只有历经折磨的人，才能够更快、更好地成长。生活，永远只能在折磨中得到升华。

从现在起，感谢折磨你的人吧

人不能总停留在原地，而是要努力向前。感谢折磨你的人，你将得到更迅捷的发展速度。

对于生活中的各种折磨，我们应时时心存感激。只有这样，我们才会常常有一种幸福的感觉，纷繁芜杂的世界才会变得鲜活、温馨和动人。一朵美丽的花，如果你不能以一种美好的心情去欣赏它，它在你的心中和眼里也就永远娇艳妩媚不起来，而如同你的心情一般灰暗和没有生机。

只有心存感激，我们才会把折磨放在背后，珍视他人的爱心，才会享受生活的美好，才会发现世界原本有很多温情。心存感激，是一种人格的升华，是一种美好的人性。只有心存感激，我们才会热爱生活，珍惜生命，以平和的心态去努力地工作与学习，使自己成为一个有益于社会的人。心存感激，我们的生活就会洋溢着更多的欢笑和阳光，世界在我们眼里就会更加美丽动人。

有个70岁的老先生，拿了一幅祖传的珍贵名画来到电视台上节目，要求"开运鉴定团"的专家鉴定，他说，他的父亲说这是价值数百万的宝物，他总是战战兢兢地保护着，由于自己不懂艺术，因而想请专家鉴定画的价值。

结果揭晓，专家认为它是赝品，主持人问老先生："你一定很难过吧？"来自乡下的老先生脸上的线条却在短短时间内变得无比柔软，他憨厚地微笑道："啊！这样也好。不会有人来偷，我可以安心地把它挂在客厅里了。"

老先生的自我解嘲令人感慨：失去竟然可以比拥有轻松。

就像故事中的老先生一样，如果生活给了你一个让你痛苦的理由。这时，你要保存一颗感恩的心。心存感恩，你的人格会在感恩中升华，生活对于你就只有快乐，没有痛苦，你就会拥有一个成功而快乐的人生！

反击别人不如充实自己

如何才能更好地发展自己，走出被折磨的困境？是反击那些折磨你的人，还是反过来更好地充实自己？显然，充实自己是一种更好也更有效的策略。

曾经有人说,人类出生时之所以哇哇大哭,是因为人类预知到生命必然充满痛苦。

人生是充满了痛苦,那我们应该通过怎样的努力使自己离开这个世界的时候能够不再悲伤呢?方法只有一个,那就是不断充实自己、战胜苦难,使生命取得它应有的辉煌。

一切都要靠自己用心灵去体验,无论痛苦有多么难以忍受,你都不要放弃,正因为这些苦难,我们才更坚强、更勇敢。多充实自己,人生就会多一分精彩。

成功学大师戴尔·卡耐基刚开始拓展事业的时候,经常在全国各地巡回演讲,举办一些成人教育班和座谈会。

某次的活动里,来了一位纽约《太阳报》的记者,他后来在报道中毫不留情地攻击卡耐基和他所热爱的工作。

这对年轻气盛的卡耐基来说,不只是一桶泼在头上的冷水,简直是一桶恶臭难当的馊水。

卡耐基看了报纸,越想越恼火。这些文字侮辱了他的人格、他的理想,以及他全心全意专注的事业,根本是这个记者在刻意歪曲捏造事实。

气急败坏之下,卡耐基马上打电话给《太阳报》执行委员会的主席,要求刊登一篇声明,以澄清真相。是可忍,孰不可忍?卡耐基当时只有一个念头,就是一定要让犯错的人受到应有的惩罚。

几年之后,卡耐基的事业规模越来越庞大,他不禁为自己当时的幼稚行为感到惭愧。

因为,直到这时他才体会到,当时气冲冲地发表自己的声明,想要借此昭告天下、澄清事实，但是实际上，看那份报纸的人当中也许只有1/10会看到那篇文章；看到那篇文章的人里面可能有1/2会把它当成一件微不足道的小事，而真正注意到这篇文章的人里面，又有1/2会在几个礼拜之后，把这件事忘得一干二净，如此一来，刊登这篇文章有什么作用呢？

经过一番思考，卡耐基的处世态度更为成熟，他明白了这样一个道理：在你的能力范围内，尽可能做你应该做的事，然后把你的破伞收起来，免得任意批评你的雨水顺着脖子向后背流下去，当你不停地充实自己，那些攻击你的人就会不攻自破了。

面对别人的批评指教，你可以回敬同样的"礼数"，这也许会使你的怨气得以宣泄，但是却不会让你有更好的名声。因为，当你反击对手、平反自己时，你还是同一个你，根本没有一点进步：喜欢你的人依然喜欢你，不接受你的人还是不接受你。

这就像生气地把一块大石头丢进海水里，只会有一瞬间的水花，转眼却又风平浪静。

多充实自己，你就会像一座山一样，慢慢超过所有的山，甚至高过空中的白云。这时，也许对别人曾经对你的折磨，你只会有感激的想法了。

把别人的折磨当成前进的动力

孔子曰:"岁寒,然后知松柏之后凋也。"

你曾经被你的语文老师要求抄写生字 10 遍吗?你曾经被你的体育老师要求跑 1000 米吗?你曾经被你的上司训话吗?你曾经被你的顾客抢白而无言以对吗……生活中的折磨无处不在,那你是怨天尤人,忧虑度日,还是面对折磨,更加奋勇前进,这取决于你的选择。记住,你的选择会决定你的命运。

把折磨当成自己前进的动力,使自己经受折磨的雕琢,最终走向成功,才是你最明智的选择。

美国的一所大学进行了一个很有意思的实验。实验人员用很多铁圈将一个小南瓜整个箍住,以观察它逐渐长大时,能抵抗多大由铁圈给予它的压力。起初实验者估计南瓜最多能够承受 400 磅(约 181 千克)的压力。

在实验的第一个月,南瓜就承受了 400 磅的压力,实验到第二个月时,这个南瓜承受了 1000 磅(约 454 千克)的压力。当它承受到 2100 磅(约 1089 千克)的压力时,研究人员开始对铁圈进行加固,以免南瓜将铁圈撑开。

当研究结束时,整个南瓜承受了超过 4000 磅(约 1814 千克)的压力,到这时,瓜皮才因为巨大的反作用力产生破裂。

研究人员取下铁圈,费了很大的力气才打开南瓜。它已经无法食用,因为试图突破重重铁圈的压迫,南瓜中间充满了坚韧牢固的层层纤维。为了吸收充足的养分,以便于提供向外膨胀的力量,南瓜的根系总长甚至超过了8万英尺（约2438千米），所有的根不断地往各个方向伸展，几乎穿透了整个实验田的每一寸土壤。

南瓜因为外界的压力而变得更加茁壮，人生也是如此。许多时候我们夸大了那些强加在我们身上的折磨的力量，其实生命还可以承受更大的压力，因为只要你想，你就能开发出更加惊人的潜能。

在多难而漫长的人生路上，我们需要一颗健康的心，需要绚烂的笑容。苦难是一所没有人愿意上的大学，但从那里毕业的，都是强者。

不要让别人拿走你的潜能

拥有潜能，你要保护自己的潜能，再充分发挥潜能，才会有成功的机会。

在生活中，很多人都拥有优于其他人的潜能，但是，这些人却不会保护自己的潜能，导致许多人最后终其一生都没将潜能发挥出来，平庸度日。

要想成功，一个人必须注意不要让别人拿走你的潜能。

在遥远的国度里，住着一窝奇特的蚂蚁，它们有预知风雨的能力。而最近蚂蚁们清楚地知道，有巨大的暴风雨正逐渐逼近，整窝蚂蚁全部动员，往高处搬家。

这窝蚂蚁之所以奇特，不在于它们预知气候的能力，许多其他动物也具备这样的天赋。它们的特别之处是整窝蚂蚁都只有五只脚,并不像一般蚂蚁长有六只脚。

由于它们只有五只脚,行动也就没有一般蚂蚁快捷,整个搬家的行动缓慢。虽然面对暴风雨来袭的沉重压力,每只蚂蚁心中都焦急不堪,行动却半点也快不了。

在漫长的搬家队伍中,有一只蚂蚁与众不同,它的行动快速,不停地往返高地与蚁窝之间,来回一趟又一趟,仿佛不知劳累,辛苦地尽力抢搬蚁窝中的东西。

这只勤快的蚂蚁引起了五脚蚂蚁群的注意,它们仔细观察它的动作,终于找出这只蚂蚁动作如此敏捷的关键,它有六只脚!

五脚蚂蚁的搬家队伍整个暂停下来,它们聚在一起,窃窃私语,讨论这只与它们长得不同,行动却快过它们数倍的六脚蚂蚁。

经过冗长的讨论后,五脚蚂蚁们终于达成共识。它们一起扑上前去,抓住那只六脚蚂蚁,一阵撕咬过后,将它那多出来的一只脚扯了下来。

行动迅速的那只蚂蚁被扯去一只脚,也变成了平凡的五脚蚂蚁,在搬家的行列中,迟缓地跟随大家移动。

五脚蚂蚁们很高兴它们能除去一个异类,增加一个同伴,这时,雷声已在不远处隆隆地响起。

常常在我们接触到一个新的机会、有了一个好的创意,或是工作取得进步时,五脚蚂蚁群便会适时出现。他们会告诉你,你得到的机会是陷阱、你的好创意是行不通的,或是提醒你,工作勤奋不一定会有好的报偿。无所不用其极的目的,是想扯去你突然间多出来的一只脚。

尤其是当你正确地运用出你的潜能时,周围类似五脚蚂蚁般的消极意识更会增加,各式各样不可能的思想蜂拥而至,企图要你放弃他们所不懂的潜能,让你成为平庸的人。

在这个时候,你一定要很好地把握自己,用你自己的独立思想,来保护自己多出来的那只"脚"。坚持你自己的想法,珍惜自己得到的机会,发挥自己独特的创意,更加勤奋地工作,加倍地发挥你自己最大的潜能。这样你才能在未来获得成功。

善待你的对手

善待你的对手,尽显品格的力量和生存的智慧。

一旦谈到双赢,人们一向以为这种情况只会发生在自己与合作伙伴之间,而与对手,"不是你死,就是我亡",这才是最终的结局。

真的是这样吗?显然,答案是否定的。其实我们和对手也可以走进双赢的境地。

所以,我们需要合作伙伴,而不要排斥对手。

对手,是失利者的良师。有竞争,就免不了有输赢。其实,高下无定式,输赢有轮回。曾经败在冠军手下的人,最有希望成为下一场赛事的冠军。只因败者有赢者作师,取人之长,补己之短,为日后取胜奠基。更有一些智者,一番相争之后,便能知己知彼,比得赢就比,比不赢就转,你种苹果夺冠,我种地瓜也可以领先。

对手,是同剧组的搭档。人生在世能够互成对手,也是一种缘分，仿佛同一个分数中的分子、分母。如此说，结局往往只有赢多赢少之别，并无绝对胜败之分。角色有主有次，登台有先有后，掌声有多有少，但彼此相依，缺了谁戏也演不成。同在一个领导班子中也如此，携手共进，共创佳绩，方可交相辉映。

孟子说："入则无法家拂士，出则无敌国外患者，国恒亡。"奥地利作家卡夫卡说："真正的对手会灌输给你大量的勇气。"善待你的对手，方尽显品格的力量和生存的智慧。

在秘鲁的国家级森林公园，生活着一只年轻的美洲虎。由于美洲虎是一种濒临灭绝的珍稀动物，全世界现在仅存17只，所以为了很好地保护这只珍稀的老虎，秘鲁人在公园中专门辟出了一块近20平方公里的森林作为虎园，还精心设计和建盖了豪华的虎房，好让美洲虎自由自在的生活。

虎园里森林茂密，百草丛生，沟壑纵横，流水潺潺，并有成群人工饲养的牛、羊、鹿、兔供老虎尽情享用。凡是到过虎园参观的游人都说，如此美妙的环境，真是美洲虎生活的天堂。

然而，让人们感到奇怪的是，从没有人看见美洲虎去捕捉那些专门为它预备的"活食"。从没有人见它王者之气十足地纵横于雄山大川，啸傲于莽莽丛林，甚至未见它像模像样地吼上几嗓子。

人们常看到它整天待在装有空调的虎房里，或打盹儿，或耷拉着脑袋，睡了吃吃了睡，无精打采。有人说它大约是太孤独了，若是找个伴儿，或许会好些。

于是政府又通过外交途径，从哥伦比亚租来了一只母虎与它做伴，但结果还是老样子。

一天，一位动物行为学家到森林公园来参观，见到美洲虎那副懒洋洋的样儿，便对管理员说，老虎是森林之王，在它所生活的环境中，不能只放上一群整天只知道吃草，不知道猎杀的动物。

这么大的一片虎园，即使不放进去几只狼，至少也应该放上两只猎狗，否则，美洲虎无论如何也提不起精神。

管理员们听从了动物行为学家的意见，不久便从别的动物园引进了两只美洲狮投进了虎园。这一招果然奏效，自从两只美洲狮进虎园的那天起，这只美洲虎就再也躺不住了。

它每天不是站在高高的山顶愤怒地响哮，就是有如飓风般冲下山冈，或者在丛林的边缘地带警觉地巡视和游荡。老虎那种刚烈威猛，霸气十足的本性被重新唤醒。它又成了一只真正的老虎，成了这片广阔的虎园里真正意义上的森林之王。

一种动物如果没有对手，就会变得死气沉沉。同样的，一个人如果没有对手，那他就会甘于平庸，养成惰性，最终导致庸碌无为。

一个群体如果没有对手，就会因为相互的依赖和潜移默化而丧失灵活，丧失生机。

一个行业如果没有对手，就会因为丧失进取的意志，就会因为安于现状而逐步走向衰亡。

许多人都把对手视为是心腹大患，是异己，是眼中钉，是肉中刺，恨不得马上除之而后快。其实只要反过来仔细一想，便会发现拥有一个强劲的对手，反而倒是一种福分、一种造化。

因为一个强劲的对手，会让你时刻有种危机四伏感，它会激发起你更加旺盛的精神和斗志。

有时候，表面上看来，我们从对手身上得到的学习机会没有那么直接、明显，然而，仅仅是承受他带给我们的压力，就已是很宝贵的机会，可以对我们的成长起到很大的助益。不要随便把对手视为敌人或仇人，只有这样，我们才可以冷静地观察对方，客观地审视自己；也唯有这样，才能在与对手交手的过程中学到东西。

然而，很多人无法这样看待对手。由于对手和敌人往往只有一线之隔，甚至是一体两面，因而对手也很容易被视为仇人。很多人会带着各种情绪来看待对手，经常会这样想：敌人和仇人当然是不好的，哪有向他们学习的道理？

不少人在碰到对手的时候，首先是不屑一顾（觉得对手的实力不过如此），接下来是愤怒（发现这样的人竟然有很多人喜欢，还威胁甚至超越自己），最后则是不允许别人在面前说对手的只言片语。

其实，越是敌人和仇人，可学的东西才越多。对方要消灭你，一定是倾巢而动、精锐尽出。对方使出浑身解数的时候，也就是传授你最多招数的时候（敌人为了激怒你、伤害你而使出的一些手段，就是任何其他老师所不能教你的）。所以，如果你有个很强的对手，你应该从心底欢喜。就像每天要照照镜子一样，你每天都要仔细盯紧这个对手，好好欣赏他，好好向他学习。而最好的学习，永远来自于你和他交手、被他击中的那一刻。

一个人有了对手，才会有危机感，才会有竞争力。有了对手，你便不得不奋发图强，不得不革故鼎新，不得不锐意进取，否则，就只有等着被吞并、被替代、被淘汰。

善待你的对手吧！有时候，将我们送上领奖台的，不是我们的朋友，而恰恰是我们的对手。

在压力中奋起

不在压力中奋起,便在压力中灭亡。要想在人生的道路上走得更远,你必须选择前者。

毕业之后面临着就业压力,就业之后面临工作压力,其他还有诸如生活压力、竞争压力、恋爱压力,等等,如果你没有在压力面前奋起的勇气,那你只能在重重压力中陷入虚无。

众所周知,张学友是香港著名歌星,是四大天王之一,很多人痴迷他的歌、喜欢他的电影、羡慕他的辉煌,可有几个人知道他艰辛的奋斗历程呢?不要自卑,也不要害怕挫折,这是他的成功秘诀。

他的第一份工作是在政府贸易处当助理文员,工作十分乏味。不肯安于现状的性格使他不久跳槽到了一家航空公司,但工资比第一份还少。当时他也没有想过有一天会成为明星,踏入娱乐圈是偶然的,成功也来得太快,这使得他沉溺在成功带来的满足感和优越感之中,只知道尽情玩乐,逐渐变得放纵、狂傲、骄横,得罪了许多人。结果他的唱片销量直线下降,第一张、第二张唱片都可以卖20万,第三张只卖了10万,接着是8万、2万。他走在街上,原来是"学友""学友"的欢呼,现在成了粗言秽语;站在舞台上,原来是鲜花热吻,现在是阵阵嘘声。起初张学友接受不了这残酷的事实,没有去分析原因,而是去一味逃避:酗酒、骂人、闹事。家人朋友不断地劝慰他,但他一概不听,而且他还想过自杀!

沮丧的日子持续了两三年,后来他开始自省,意欲东山再起,这是他骨子里不肯服输、敢于一拼的性格所决定的。如果天生懦弱,自杀恐怕是他最终的抉择。他很了解娱乐圈"一沉百人踩"的事实，知道要东山再起所面对的艰辛，但他决意一拼！他后来总结经验说："当你决定要面对挫折和困难时，原来并不是没有出路的！"他努力唱出自己的风格，努力拍戏，努力去研究失败的原因，努力学习处世方法，努力应对各种刁难和挫折……全力以赴，付出了不为圈外人所知的艰辛，辉煌逐渐又回到了他的身边。

他说，没有人可以避免压力和挫折，重要的是要有豁达、乐观、坚毅、忍耐的性格，要搞清楚自己的位置和方向，才能走过失败，重新振作。他说自己希望做一只蜗牛，蜗牛永远不会理会别人的催促，无视外来的压力，只是依着自己的步伐和所选择的方向，勇往直前，这必能成功。

压力和挫折时刻都会存在，有人说，人没有了压力生活就会没有了方向，就像没有了风，帆船不会前进一样。但你一定不能在压力中不思进取，否则你将被压力淹没。

在压力中奋起，你才会有成功的可能。

第八章

有一种力量叫淡定，
有一种优雅叫从容

宠辱不惊，闲看庭前花开花落；去留无意，漫随天外云卷云舒。这是很多人追求的境界——淡定。淡定是人生阅历积累起来的练达，是一种道德品质、知识学养和综合素质自然展现的状态。生活中不如意的事十之八九，令我们无法预料、无从强求，但顺境中宠辱不惊、怡然自得，逆境里不大悲大愁、不弃不馁，行至水穷处、坐看云起时，才能解世间浮沉，更见人生真义。淡看人生荣辱得失，一切均如过眼烟云，去留无痕，这才是淡定人生的最高境界。人把自己历练到淡定的境界，懂得了淡定的智慧，也就懂得了人生的真谛。

感知并掌握淡定的力量

　　如果你想感知到淡定的力量，首先要对你的生活方式有所了解。我们所做的一切活动，都有特定的能量源。例如，当你愤怒的时候，你周围的能量场会大幅度剧烈地震动；当你平和的时候，你周围的能量场又渐渐恢复了正常。淡定的能量场犹如后者，是一种平缓的、沉稳的能量，能够让进入其能量范围的一切事物都处于平稳的状态。

　　一切我们能看到、感觉到的物质都存在着自己的能量，这些能量场散发出各自的气息，让你能轻而易举地发现它们。比如你来到一个空旷荒废的房屋中，空气中一定流动着腐败的能量，这种能量往往令你很不舒服，这就说明你感知到了这种能量；或是与阔别已久的朋友相见，在你离他很远的地方你就能够觉察到他对你的亲密，这就是你感知到了朋友的能量。同样，当你面对一个很沉稳、内心很平静的人时，他身边那种淡定的能量场也一定会被你感知到。如果你的能量场与他的能量场能够发出相同的振动，那么你与他也一定会相处得很融洽。

　　1984年7月29日是第23届奥运会的第一天，许海峰参加的手枪慢射比赛将决出本届奥运会的第一枚金牌。刚开始，许海峰打得很轻松，打完第五组以后，他已经领先了。当他镇定自若地打最后一组的时候，赛场的气氛发生了巨大的变化。本来围在上一届奥运会自选手枪慢射项目冠军旁边的记者们觉得许海峰能够获得金牌，纷纷走到他的身后为他拍照。说话声、脚步声和按快门的声音严重影响了许海峰的正常发挥，工作人员多次制止他们，可是收效甚微。在嘈杂声中，许海峰竟然连打了两个8环。这下许海峰着急了，心想："不管能不能拿到金牌，我一定要好好发挥，决不让这最后的3枪成为终生的遗憾。"于是，他放下枪，找了一个离记者较远的座位坐下来。

他一边闭目养神，一边想着怎样才能让赛场恢复安静。忽然，许海峰想到了一个好办法。只见他走到靶位上，举起了枪，可是人们还没有听到枪响，他就把拿枪的手放下来了。第二次他举起枪又很快放下来，第三次、第四次还是这样。果然如他所料，大家都紧张得说不出话来，整个赛场终于安静了下来。许海峰很快进入了最佳状态，连打3枪以后，现场记录显示：一个9环，两个10环。历经周折，许海峰终于以566环的成绩，成为手枪慢射项目的冠军。中国人有了自己的奥运会金牌，这一"零"的突破被光荣地载入了史册！

许海峰的做法是聪明的，他在周围嘈杂的情况下，"一边闭目养神，一边想着怎样才能让赛场恢复安静"。最终，他找到了方法，几次举枪又放下，让观众产生了紧张的感觉，现场终于安静下来。他在这样安静的氛围下，很快进入了状态，获得了成功。试想，如果他内心也随着喧闹的周遭一同躁动不安，无法感知淡定的力量，那又怎么会想到这样的方法呢？

你需要静下心来，感知内在淡定的力量，它会让你身边产生一个平稳安详的能量场，从而让你释放出无限的能量。这些能量逐渐向外扩张，逐渐吸引来有着同样振动频率的人与事物，彼此有秩序地运转流通。一旦你能随心所欲地使用淡定的力量，你就可以随时让自己处于平稳安定的能量场中。

保持平缓而有规律的呼吸

平缓而有规律的呼吸是保持淡定的首要方法。假设你此时在与他人争吵，你的身体会有怎样的反应呢？你的心脏一定会比平时更强烈地跳动，呼吸加速，甚至会觉得身体中有股气息要冲破胸膛而出。此时，如果你降低呼吸频率，并做深呼吸为自己的内在带进充足的氧气。你一定会发现，当你的呼吸频率降低以后，心脏也不会跳得那么快了，愤怒的情绪也随之减少了许多。

由此可见，呼吸的力量不容小觑。平缓而有规律的呼吸可以使烦躁的心绪平静下来，也是一个人保持淡定的基础。除非你一直过着田园生活，否则你一定深深懂得呼吸一口清新的空气是一件多么幸福而又难得的事情。如果你想让自己的周围一直存在淡定安宁的能量场，那就找个机会进行一次练习呼吸的旅行吧。

你可以利用周末或是假日，从温暖的被窝中出来。避开嘈杂纷乱的车水马龙，以及人声鼎沸的闹市，这些环境都会干扰你平缓的呼吸。如果条件允许，你可以去郊外旅行，因为那里空气让人清醒，也少有嘈杂。在出门之前，请放下生活中的一切烦恼和负累，以开阔宽广的胸怀来拥抱大自然，感受大自然，因为生活中的所有琐碎小事都会与你淡定的能量场相碰撞。这并不只是一次简单的呼吸旅行，还是一次对心灵的洗涤。

如果要去郊外，最好大清早的时候就能赶到那里，因为早上的空气是最清新的，而且清晨是万物苏醒的时刻，你会感觉到大自然的生机盎然，从外到内，你都会有种生机勃发的感觉。接下来，最好找一个有山有水，有花有草的地方，这些美好的事物可以净化你的内在，同时让你散发出的能量也变得纯粹。请闭上眼睛，用心聆听鸟儿的鸣叫，是不是感觉它们其实是在歌唱？它们是在歌唱美丽安详的世界，幸福快乐的生活；再看一看碧波荡漾的湖水，如果没有湖，一条小溪也不错，看落花随着流水移去，听溪水淙淙流动的声音，就像是生命在流动，你会觉得这个世界是鲜活的、灵动的。

当你酝酿好一切的情绪之后，请深深地呼一口气，像是要把内在的负向能量全部释放出来。所有的愤怒、怨恨、痛苦都随着你的呼吸排出体外。接着，请再深深地吸一口气，让你周围的一切安宁与平静融化在身体中。一次深呼吸之后，你就已经掌握了其中的技巧。接着，让你的呼吸逐渐变得平缓、绵长而富有规律，在呼吸之间感受内在与外界的安宁，感受身体内外缓缓流淌的能量。

呼吸平稳了，心情自然会变得宁静，而你身边环绕的能量场也自然会平静安详。在这个范围中，所有负向的能量都会被反弹出去，不会侵扰到你。在习惯于平缓而有规律的呼吸之后，你的心绪就会随之平静下来，也就找到修炼淡定力的方法。淡定有着巨大的力量，当你的周围只存在淡定的能量场时，周围的一切人或事都会被你的能量所吸引，从而使整个天地处于和谐宁静的状态。

用"内在生态"对抗"精神污染"

提到"污染"二字,人们一定会想到环境污染。的确,我们所处的环境会受到各种工业的污染,但是,在现今社会中,除了环境污染,还有一些污染也在全球疯狂地肆虐,那就是精神污染。

有人认为,一切外部的环境污染都是由精神污染造成的,如果没有那么多的利欲熏心、损人利己、目光短浅等精神上的毒素,就不会让环境受到越来越多的伤害。随着生活压力、职场压力的增大,越来越多的人染上了这种"精神毒素":在家里,把家人的嘱咐当成唠叨,把伴侣的关心看成监视,把孩子的淘气当作吵闹;在公司,与同事之间小小的误会,偶尔受到的不平等对待,分配了自己不喜欢做的事情,等等,都会令人心里感到不快。

这种精神的污染像病毒一般,侵袭了我们的生活,给我们带来了负面的影响。如果不及时清除它,势必会扰乱正常的能量流动与循环。既然如此,我们又该如何清除内心的"污染物"呢?那就是建立起"内在生态",即净化我们的内在。让内心产生淡定的力量,为自身建立起一个屏障,并且充分发挥其作用,将精神污染物从心中剔除,从而达到一种内外平衡的状态。

这个净化的过程很简单:在你做出任何决定之前,请先考虑到事情的结果,以及将会给自己、他人、外界带来的影响。如果这种影响是负面的,那么我们必须要舍弃这种决定,同时重新考虑做出何种决定。接下来,你需要保持内在的平和,让思想与心灵都得以沉静,这样,自身的能量场才能渐渐恢复平和的状态。这种淡定平和的振动频率会吸引来同样让你的内在获得平和的事物。被吸引而来的事物充满了美好平静的感觉与能量，并逐步与你的能量场融合，形成一股更强大的淡定的力量。在这种氛围下，内在的污染源也会一点点消失，最终会被淡定的力量化解，转变成和谐的能量。当整个净化过程完成后，你的内在空间就会呈现出一片空灵之景，那些不美好的、不和谐的负向能量与污染都在淡定的光芒中消散，只留下平和的能量在身体中流动。

我们需要凡事保持淡定，在面对任何事情之前都考虑到应对的方法，将淡定对人、淡定做事作为我们的生活原则与态度。正因为你运用淡定的力量为自己建立起了一个内在生态系统，才能净化自己的内在世界，进而净化整个世界。

用淡定的心接受世间的一切事物，好的、坏的、顺心的、违愿的，然后再将它们在安静祥和的能量场中过滤成最美好的样子，这样你才真正地消除精神的污染。周遭环境中的污染，稍用方法便可去除；身体表面的毒素，用药物也能治疗；而内在的污染，只能用淡定安详的力量去化解、去根除。要知道，世间的一切荣辱胜负都如过眼云烟般虚幻，一切的功名利禄也似浮云般缥缈，唯有心中的那片纯净天空，才是永恒。

给自己留一段独处的时间

有首歌里唱道："孤单是一个人的狂欢，狂欢是一群人的孤单。"这句歌词是孤独最真实的写照。在独处的时候，虽然只有一个人，但我们的思绪却是鲜活的，跳跃的，因而我们的世界也充满乐趣；

而当我们走进人群中时，形形色色的人拥有着各式各样的能量场，气息相同的可以正常交往，气息不同的能量场则会互相撞击。这也是为什么我们周围的人越多，我们却越觉得孤单的原因。

我们需要给自己留一段时间独处，这样做是为了确保我们的能量场中没有任何人、任何事。在这个安定的氛围中，我们不会受到任何外界的干扰，心思便会得以沉静，整个人也会时刻感受到淡定的力量。试想，当你的生活被其他人、琐碎事占满时，内在的空间必然被占据，你也就因此而失去了自由。你可能会感到烦躁、开始不安，整日思考着如何应付身边的人和事，或是没来由地觉得恐慌。一旦你陷入这种境况中，就证明你身边淡定的能量场被削弱了，而拯救的方法就是尝试独处。

独处并不是孤单，在英语里，独处的英文为 alone，而这个词又源于中古英语 all one，也就是合而为一。也许有人会产生疑问，独处只是自己一个人，那要怎么合呢？其实，这里的合而为一，是指你与自己的本质结合，让你与本真的自己融合在一起。

认识到这一点，你在独处的时候就不会感觉到孤独，也不会因无人相陪而特别躁动。你会淡然地接受一切，只意识到内心的自己，并逐步指引自己的内在与外在合二为一。在独处中，保持淡定是不可缺少的，没有淡定，就无法让自己平静下来；没有淡定，就也无法安然地享受时间、享受生命。当你在淡定的思绪中独自面对自己时，一种和谐而又平静的能量场就会产生。你将处于这种轻轻流淌的能量之中，没有浮躁的外在，也没有烦躁的内心。你的身体与心灵都处于最平静的状态。在这种状态的独处中，会让你更容易排除一切干扰，只是与自我在一起。

大多数人都不喜欢独处，因为这会让他们感到孤独。而西方著名哲学家叔本华却告诉我们，孤独也是幸福和安乐的源泉。他说孤独至少有两个好处：其一，孤独可以使我们成为自己。因为人越多，我们越会不自觉地陷入其他人的思维与感受中，没有时间去考虑自己的事情，从而渐渐忘记了自己的本质。其二，孤独使我们用不着和别人在一起。在你独处的时候，整个空间只剩下你一个人，所有算计、阴谋、明争暗斗都不复存在，只有平和流动的能量。

人生会遭遇难以解决的问题、难以沟通的人，而每每此时，心中就会被那些盘根错节的烦恼纠缠住，茫然不知如何应对。这时，如果你能给自己一段独处的时间，让心思安定下来，让内在产生淡定的能量，那么不管纷繁的外界如何向你袭来，安定的能量场都会保护着你免受伤害。因此，与其和一群人在一起感受孤单，不如与本真的自己一同独处。倾听心灵深处的声音，与内在平静地交谈，相信你很快就会找到淡定的力量的根源。

淡泊胸怀，独善其身

"淡泊"是一种品德修养，是为人质朴、超逸、恬淡，但不是没有进取心，不是逍遥于"世外桃源"，相反，正是为了追求远大目标而持有的涵养、修炼。"宁静"则是端庄，持重，安然，恬然。即不因宠爱而忘形，不因失落而怅然，不因富贵而骄纵，不因清贫而自惭。宁静是一种执着，无论花开花落、云卷云舒，都要顶得住干扰、耐得住寂寞、经得起诱惑，永远保持一份内心的执着与善良。

这是一个信息过剩的时代，一个烦躁的时代，也是一个物欲横流的时代。面对现实，只要调整好自己的心态，就会活得充实、轻松。古人讲究"修身齐家治国平天下"，是把修身放在第一位的，不修身，何谈齐家治国平天下？所以，一个人首先要加强学习，不断提高自己各方面的修养。遇到不顺心的事不暴躁，而是心态平和、泰然处之，这是性静；一个人一生应该有目标和追求，为了实现自己的人生目标，坚定不移、义无反顾，摒弃这山望着那山高的浮躁之心，不追求缥缈不定、不切实际的幻想。特别是在当今这个物欲横流的社会，面对声色犬马等种种诱惑，无杂念邪念，不因自己的一念之差而饮恨终生，这是念静；在工作、生活中有时难免与人争论，这时要做到平心静气，以理服人。应该考虑如何用事实道理让别人心服口服，保持内心的平静，情绪稳定，设法寻找解决问题、化解矛盾的方法，这是意静；即使在极为愤怒的情况下发作，也能有理有利有节，及时让自己平静下来。行事不急躁、不毛躁、不鲁莽，摒弃急于求成，压住阵脚、稳扎稳打，努力思考并实施最佳策略而致胜，这是行静。

宁静和淡泊，是一对孪生姐妹，步入了宁静，便走进了淡泊。因为淡泊是以心灵的宁静作为人生的乐趣，并以此作为人生的最高享受。面对人生的变幻莫测，人类造就了一种最能体现理性特点的生活方式：淡泊。即远离名利的诱惑，视名利的花冠为囚禁了人的身心枷锁，故洁身自好以坚持心中的是非，以希冀达到一种最佳的生存状态。

让我们在淡泊宁静中感受人生的本义，聆听心灵从净化到升华的声音，在通往智慧的巅峰路途上阅尽人生无穷的春色吧。

看庭前花开花落，宠辱不惊

《菜根谭》中，陈眉公辑录的《幽窗小记》中记录了明人洪应明的对联："宠辱莫惊，闲看庭前花开花落；去留无意，漫随天外云卷云舒。生固欣然，死亦无憾；花落还开，水流不断；我今何有，谁钦安息？明月清风，不劳寻觅。"

现在的人大多觉得活得很累，不堪重负。大家很是纳闷，为什么社会在不断进步，而人的负荷却更重、精神越发空虚、思想异常浮躁？的确，社会在不断前进，也更加文明了。然而文明社会的一个缺点就是造成人与自然的日益分离，人类以牺牲自然为代价，其结果便是陷于世俗的泥淖而无法自拔，追逐于外在的物质而不知什么是真正的美。金钱的诱惑、权力的纷争、宦海的沉浮让人殚心竭虑，是非、成败、得失让人或喜、或悲、或惊、或诧、或忧、或惧，一旦所欲难以实现，一旦所想难以成功，一旦希望落空成了幻影，就会失落、失意乃至失志。

我们主张人生应当宠辱不惊，并不是要人们从此处于麻木状态，放弃力争上游的锐意与拼劲，而是面对宠与辱都要静下心来，审视自己，不能遇辱一蹶不振，心如枯井，意志消退，惶惶不可终日；也不能得宠就桀骜不驯，咄咄逼人，甚至忘记了自己姓甚名谁。宠辱不惊，是一门生活艺术，更是一种处世智慧。

得人信宠时勿轻狂，莫忘"贺者在门，吊者在闾"；受人侮辱时忌激愤，犹记"吊者在门，贺者在闾"，如此清醒应对，便不难达到"不以物喜，不以己悲"的思想境界。古往今来万千事实证明，凡是有所成就者无不具有"宠辱不惊"这种极可宝贵的品格。

19世纪中叶,美国实业家菲尔德率领他的船员和工程师们,用海底电缆把"欧美两个大陆联结起来"。菲尔德因此被誉为"两个世界的统一者",一举而成为美国最光荣、最受尊敬的英雄。但因技术故障,刚接通的电缆传送信号中断,顷刻之间,人们的赞辞颂语骤然变成愤怒的狂涛,纷纷指责菲尔德是"骗子"。面对如此悬殊的宠辱逆差,菲尔德泰然自若,一如既往地坚持自己的事业。经过6年努力,海底的电缆最终成功地架起了欧美大陆的信息之桥。宠也自然,辱也自在,一往无前,否极泰来,菲尔德之所以为菲尔德,基于此。

人生在世,有褒有贬,有毁有誉,有荣有辱,这是人生的寻常际遇,无足为奇。为君子者,无妨宠亦坦然,辱亦淡然,豁达大度,一笑置之。

从容地活出自己的精彩

从容,是一种宠辱不惊的态度;从容,是一种内心真正的淡定与放松;从容,让生命的脚步归于平稳;从容,是智者皆有的觉悟。匆匆忙忙不应该是人生的常态,唯有从容才能让躁动的心灵归于平静,折射出绚丽的光彩。

但是,在这个飞速发展的时代,"从容"二字似乎离我们越来越远。人们越来越对自己身处的环境感到担忧,整个社会也因为人们的失衡而变得更加浮躁,如此的恶性循环,使我们对生活更加无所适从,整日忧心忡忡,为各种无法控制的事物而烦躁,内心渴求的安定生活也离我们越来越远。

有这样一个美国旅行者在苏格兰北部过节的故事：

这旅行者问一位坐在墙边的老人："明天天气怎么样？"老人看也没看天空就回答说："是我喜欢的天气。"旅行者又问："会出太阳吗？""我不知道。"他回答道。"那么，会下雨吗？""我不想知道。"这时旅行者已经完全被搞糊涂了。"好吧，"他说，"如果是你喜欢的那种天气，那会是什么天气呢？"老人看着旅行者，说："很久以前我就知道我没法控制天气，所以不管天气怎样，我都会喜欢。"

如果我们能像这位老人一样，对待事物像对待天气变化一样淡定从容，那么生活中自然会少了许多烦恼。从容是一种波澜不惊的能量，而从容地享受人生的智者，也有着泰山崩于前而面不改色的镇定。他们的内心安宁、镇定，虽然同样身负许多琐事，却能分清主次，知道什么事情该做，什么事情不需要着急。遇事从容不迫，做事有条不紊，优哉游哉地应对一切。

如果你想过这种舒心随性、从容不迫的日子，只需放慢自己生活的脚步。你可以悠闲地一边享受着美味的下午茶，一边观赏路边的风景，看夕阳是怎样一点一点地消失在地平线上。这时，你会发现，原来夕阳是那么美好。

你也可以缓缓地翻开一本自己喜欢的书，细细品读字里行间散发出的墨迹幽香；或是声情并茂地朗读，让每一个小故事，每一篇诗词深深地敲响你的心灵，让文字的美感取代心中杂乱的数据与枯燥的表格。这时，你会发现，原来从细小之处，也可以获得从容。

你还可以什么事情都不做，只是闭起眼睛，静静地坐在那里，什么也不想，什么也不看。集中所有的思想，让内在淡定安然的能量缓缓地流淌，感受它们在你周围制造的和谐的能量场。你坐在这片宁静安详之中，没有任何烦恼，也没有任何干扰你心绪的因素，只是感受淡定的力量在你的内心产生。

获得从容的方式有很多，我们只要去寻找一种更质朴，更释然的生活就好。"把酒祝东风，且共从容。"这虽然只是词人的一个愿望，但又何尝不是他内心深处的追求？端起一杯满满的酒，用你的款款深情问候久逢的光景。流连于旖旎的春色之中，徜徉于花香四溢的春风里，乘兴而来，尽兴而归，从容不迫，漫步徐行。

从容是一种淡定的力量，我们要从容地对待人生。只有内心平静了，整个世界才会重新归于平静。只要保持内心的淡定与恬静，我们就一定能够寻找到从容的踪迹，从而潇洒地面对尘世间的一切。

人生苦旅，等闲视之

时间在不知不觉中悄悄溜走，岁月在漫不经心中静静流逝，生命在平平淡淡中慢慢老去。如今，人生的路程已走完了大半，至今人未悴，心已老，激情不再有，惰气长相随，到了不是结局的结局。

孔子说：三十而立，四十而不惑，五十而知天命。回首沧桑，不禁感叹：三十未立，四十犹惑，现在还碌碌无为，该顺应天命了。人生苦短，岁月无情，命运已定，万事皆休。应该收心敛性，淡定从容地去面对生活、看淡人生。

古往今来，又有多少人能够看淡人生呢？当今社会，物质丰富，生活多彩，物欲横流，食色俱全，又如何能做到看淡人生？

其实，人生谁也看不淡。

看淡人生，只是安然满足者劳碌有得、家和事顺的慰藉；

看淡人生，只是坎坷失意者时运不济、命运多舛的无奈；

看淡人生，只是功成身退者门前冷落、世态炎凉的怅叹。

看淡人生，以一种平静恬淡的态度去对待人生。人生过半，当顺天命，不必对过去懊丧嗟叹，对未来斤斤计较。不必为未知的命运背上沉重的行囊，负重而行。

看淡人生，应是心理上的定位：人生过半，当明天理，山有高低，人有高下。命中若有自会有，命中若无莫强求；

看淡人生，应是心态上的调整：人生在世，当解天律，生不带来，死不带去，万里长城今犹在，不见当年秦始皇；

看淡人生，应是心情上的纾解：人生如梦，当知天乐，对酒当歌，人生几何，遇饮酒时须饮酒，得高歌处且高歌。

看淡人生，应看淡功名利禄，看轻荣辱得失。富贵无意，荣辱不惊，厚德积福，逸心补劳。

看淡人生，应坚持自我，为自己而活。酒逢知己饮，诗向会人吟。坦荡磊落，不卑不亢。不趋炎附势，不摧眉折腰。

看淡人生，应知足常乐，坦然面对现实，从容应对艰难，淡定承受困苦，少一份失落，少一份困扰，多一份满足，多一份快乐。

看淡人生，是一种境界与豁然。涉世历事，有所为，有所不为，有所争，有所不争，有所求，有所不求。自身利益不轻丢，身外利益不强求。

看淡人生，是一种包容与释怀。持身待人，以责人之心责己，恕己之心恕人，渡尽劫难兄弟在，相逢一笑泯恩仇。

看淡人生，是一种责任与义务。人生过半，当知父母恩深但终有别，夫妻义重也终分离。应孝敬父母，夫妇互重，关爱子女，呵护家庭。

看淡人生，使心灵不再受世俗的羁绊，淡淡定定，从从容容，快快乐乐。把紧锁的眉头舒展，让久违的笑声从心底传出。

人生如梦，看淡人生，才能对人生中那些坎坷失望等闲视之。

第九章
失败怕什么，大不了从头再来

一个渴望成功的人不能害怕失败，相反，他应该把挫折失败看成是一种财富，一座到达成功所必须经过的桥梁。请记住：从胜利中学到的少，从失败中学到的多。成功的智慧首先应该是失败的智慧。人生中的每一次失败都是一次宝贵的经验，它能为我们走向成功奠定基础、规避风险、缩短时间和距离。所以，我们应该记住，成功与失败只有一墙之隔，任何代价都不会白白付出。只要善待失败，永不言弃，成功便指日可待。

惨败的局面是大捷的前奏

在人们看来往往悲惨的局面，却被命运安排成了大捷的前奏。许多时候，眼前的悲惨并不是最终的结果，只有等到所有事情的结束，幸运才会凸显出来。

一天夜里，一场雷电引发的山火烧毁了美丽的"万木庄园"，这座庄园的主人迈克陷入了一筹莫展的境地。面对如此大的打击，他痛苦万分，闭门不出，茶饭不思，夜不能寐。

转眼间，一个多月过去了，年已古稀的外祖母见他还陷在悲痛之中不能自拔，就意味深长地对他说："孩子，庄园成了废墟并不可怕，可怕的是，你的眼睛失去了光泽，一天一天地老去。一双老去的眼睛，怎么能看得见希望呢？"

迈克在外祖母的劝说下，决定出去转转。他一个人走出庄园，漫无目的地闲逛。在一条街道的拐弯处，他看到一家店铺门前人头攒动。原来是一些家庭主妇正在排队购买木炭。那一块块躺在纸箱里的木炭让迈克的眼睛一亮，他看到了一线希望，急忙兴冲冲地向家中走去。在接下来的两个星期里，迈克雇了几名烧炭工，将庄园里烧焦的树木加工成优质的木炭，然后送到集市上的木炭经销店里。

很快，木炭就被抢购一空，他因此得到了一笔不菲的收入。他用这笔收入购买了一大批新树苗，一个新的庄园初具规模了。

几年以后，"万木庄园"再度绿意盎然。

灾难会让懦弱的人颠簸，却不会让有勇气的人倒下去。而眼前的悲惨，只是命运给懦弱的人制造的一种假象，因为只要我们有勇气再向前一步，就可能等到大捷的结果。

懦弱的人是看不到成功的，更不会从失败中获得甜美的成果。因为成功是从不断的挫折和失败中建立起来的，它不仅是一种结果，更是一种不怕失败，在磨难中永不屈服的能力。

松下幸之助说："成功是一位贫乏的教师，它能教给你的东西很少；我们在失败的时候，学到的东西最多。"因此，不要害怕失败，失败是成功之母。没有失败，你不可能成功。那些不成功的人是永远没有失败过的人。

若每次失败之后都能有所"领悟"，把每一次失败都当作成功的前奏，那么就能化消极为积极，变自卑为自信。作为一个现代人，应具有迎接失败的心理准备。世界充满了成功的机遇，也充满了失败的风险，所以要树立持久心，以不断提高应付挫折与干扰的能力，调整自己，增强社会适应力，坚信失败乃成功之母。

在成功的道路上难免会遭遇坎坷和曲折，有些人把痛苦和不幸作为退却的借口，也有人在痛苦和不幸面前寻得复活和再生。只有勇敢地面对不幸和超越痛苦，永葆青春的朝气和活力，用理智去战胜不幸，用坚持去战胜失败，我们才能真正成为自己命运的主宰，成为掌握自身命运的强者。

要战胜失败所带来的挫折感，就要善于挖掘、利用自身的"资源"。应该说当今社会已大大增加了这方面的发展机遇，只要敢于尝试，勇于拼搏，就一定会有所作为。虽然有时个体不能改变"环境"的"安排"，但谁也无法剥夺其作为"自我主人"的权利。

只有经历了风雨的彩虹才会放出美丽的光彩，只有从困境中走出的人才是真正的强者。

你是否在遭遇困难与痛苦时，总是认为自己根本无力承担，更没有办法去解决？假若你这样认为，就是极大的错误。就像文中的迈克一样，如果他在失去一切后没有积极思考，想办法克服重重困难，那也就不会有后来辉煌的人生。你有相当好的经历，而且也有着丰富、宝贵的才华，为什么发生在你身上的事，就无法解决呢？其实，最主要的还在于，你是否能够在面对困难的时候，既不被眼前的悲惨局面所迷惑，也不为可能面临的失败感到沮丧，而是正视困境，寻求解决的办法，坚韧执着地走下去。

不要灰心，除非你达到目的

探险家大卫·利文斯顿曾经说过："不管我的前方面临的是什么，我都不会灰心，除非我达到了自己的目的。"因为这种精神，他在一次又一次的探险中发掘出了别人不曾看到的价值，并给后人留下了非常宝贵的精神财富。

不管做任何的事情，都可能会遇到困难，尤其是我们确定了生活的目标，朝着一个方向迈进的时候，困难总是会阻隔我们前行的脚步。这时候，如果我们没有坚定的信念和锲而不舍的精神，那么我们将一事无成。

在美国，有一位穷困潦倒的年轻人，即使在身上全部的钱加起来都不够买一件像样的西服的时候，仍全心全意地坚持着自己心中的梦想，他想做演员，拍电影，当明星。

当时，好莱坞共有500家电影公司，他逐一数过，并且不止一遍。后来，他又根据自己认真划定的路线与排列好的名单顺序，带着自己写好的为自己量身定做的剧本前去拜访。但第一遍下来，所有的500家电影公司没有一家愿意聘用他。

面对百分之百的拒绝，这位年轻人没有灰心，从最后一家被拒绝的电影公司出来之后，他又从第一家开始，继续他的第二轮拜访与自我推荐。

在第二轮的拜访中，500家电影公司依然拒绝了他。

第三轮的拜访结果仍与第二轮相同。这位年轻人咬咬牙开始他的第四轮拜访，当拜访完第349家后，第350家电影公司的老板破天荒地答应愿意让他留下剧本先看一看。

几天后，年轻人获得通知，请他前去详细商谈。

就在这次商谈中，这家公司决定投资开拍这部电影，并请这位年轻人担任自己所写剧本中的男主角。

这部电影名叫《洛奇》。

这位年轻人的名字就叫席维斯·史泰龙。现在翻开电影史，这部叫《洛奇》的电影与这个日后红遍全世界的巨星皆榜上有名。

在史泰龙的身上，我们看到了一种百折不挠的精神和勇气，也正是因为这种坚持，他才取得了最后的胜利。可是在生活中，我们很多人都不曾有他这种对于梦想的执着和坚持到底的信念。当我们开始确立梦想的时候，可能会面对很多的困难。这些困难让我们感到沮丧，于是我们在浅浅的尝试了之后，就放弃了自己的梦想。

其实，这样的做法是不多的。当困难来袭的时候，就灰心丧气，把曾经的梦想看作是一场不经意的游戏，意味着你永远都不可能接近成功。

成功是需要持之以恒地去追求的，即使是名人也不例外。大歌唱家鲁宾斯坦曾说过："若是我一天不练嗓子，我自己会觉得诧异；若是我两天不练嗓子，我的朋友会觉得诧异；若是我三天不练嗓子，所有人都会觉得诧异。"同理：如果经历了一次放弃，我们就离成功远了一步，两次三次之后，我们就再也不会追上成功的脚步了。所以，在困境面前，不要灰心，更不要沮丧，而应该一直坚持，直到你达成了自己的目的。

相信积极思想的力量

2008年年底，在一片肃杀的气氛中，美国华尔街三一教堂忽然热闹了起来，穿着西装、提着公文包来祷告的信徒越来越多。"对比前几年，现在金融从业者来教堂的数量有所回升，"牧师马克·琼斯说，"这不足为奇，因为人们不知道他们明天是否还在位。"在此后几周内，这个教堂举办了讲习班和研讨会，主题包括"在不确定时期如何应对压力"和"职业生涯导航"等。与此同时，梵蒂冈圣彼得教堂的神父彼得·麦迪根也发现来祷告的人数逐渐多了起来,他说:"过去几天,人们焦虑和不安的情绪非常严重。面对暗淡的前景,能帮助我们渡过困境的就是信念。"

英国思想家、哲学家斯图尔特·米尔曾说过:"一个有信念的人,所发出来的力量,不亚于99位仅心存兴趣的人。"这也就是为何信念能使人渡过难关,并开启卓越之门的缘故。由此可见,困境之下,由信念所带来的信心就是一剂灵丹妙药,即使它不能在短期内帮我们解决燃眉之急,但却能给我们心灵带来慰藉,给我们生活带来力量,帮助我们积极乐观地前行。有了信心的指引,生活中的任何磨难都会变得微不足道。

这是一个发生在美国内战期间最奇特的故事。

那个时候的艾迪太太认为生命中只有疾病、愁苦和不幸。她的第一任丈夫,在他们婚后不久就去世了,她的第二任丈夫又抛弃了她,和一个已婚妇人私奔,后来死在一个贫民收容所里。她只有一个儿子,却由于贫病交加,不得不在4岁那年就把他送走了。她不知道儿子的下落,整整31年都没有再见到他。

她生命中戏剧化的转折点,发生在马塞诸塞州的林恩市。一个很冷的日子,她在城里走着的时候,突然滑倒了,摔倒在结冰的路面上,而且昏了过去。她的脊椎受到了伤害,不停地痉挛,甚至医生也认为她活不久了。医生还说即使是奇迹出现而使她活命的话,她也绝对无法再行走了。

躺在一张看来像是送终的床上,艾迪太太打开她的《圣经》。她读到马太福音里的句子:"有人用担架抬着一个瘫子到耶稣跟前来,耶稣就对瘫子说:'孩子,放心吧,你的罪赦了。起来,拿你的褥子回家去吧。'那人就站起来,回家去了。"

她后来说,耶稣的这几句话使她产生了一种力量,一种信仰,一种能够医治她的力量。使她"立刻下了床,开始行走"。

"这种经验,"艾迪太太说,"就像引发牛顿灵感的那只苹果一样,使我发现自己怎样好了起来,以及怎样能使别人也做到这一点。我可以很有信心地说:一切的原因就在你的思想,而一切的影响力都是心理现象。"

这不是神话,也不是偶然。我们活得愈久,就愈深信信心的力量。生命中总有一些转折点,抓住这样一个转折点,我们的人生就会有突破和进展。

信心不能给我们需要的东西,却能告诉我们如何得到。给自己一个信心,你的生活就会多一分希望。

真的,世界上没有任何力量能像信心那样影响我们的生活。人生到底是喜剧收场还是悲剧落幕,是成功辉煌还是黯然神伤,全在于你保持着什么样的信心。一个没有信心的人,就好比少了马达的渡轮,注定要在汪洋中沉没。信心是决定我们潜能发挥程度的关键,有信心在人生之路上为你牵引,无论你身处什么样的折磨环境,你都能克服,最终走出不利局面。

在竞争激烈、强手如林的现代社会,我们总有陷入困境的时候,或事业不顺,或经济困窘,这时,我们就应该把消极悲观扔在背后,满怀信心地积极争取,这样才有希望和机会渡过难关。这个世界上,所有的成功者无一例外都是满怀信心的人，都是坚信自己可以成功的人，都是在任何时候也不放弃自己的人。一个失去信心的人，没有办法全力以赴，自然也就成了一个失败者。

磨炼可以使我们的灵魂更加坚固

为了造就我们，命运常常让我们落入磨炼当中。可是人们总是错看命运的安排，认为是上苍在跟我们过不去。人们甚至埋怨：既然给了我们有阳光的白天，又为什么一定要将我们搁置在周围漆黑的深夜呢？不错，磨炼将我们推向了黑夜，但是它还是留下了一些空隙，让我们能够趁机看到光明。而磨炼之后，我们也将变得更加坚强，更加能够接近成功的梦想。

张老师对大家要求很严。这让大家觉得他是个很凶的人。他的讲台上常放着一把宽约三公分，长约尺余的教鞭。教鞭的一头由于手的摩擦和汗水的浸泡，已由青泛黄，闪烁着光亮。另一头则被劈开七八公分长。这样打起手板来一夹一夹的，痛着呢！胆大的常偷偷把他的教鞭丢进茅厕和山林中。不想第二天他又找来一把一模一样的教鞭，让你怀疑这教鞭是不是被他发现后从山林里找回来的那一把。

说到教鞭，张刚就有恨。

那次，大队部放电影，张老师却说电影内容不适合同学们看，何况大家期考将至，要他们好好复习功课，不允许看电影，一经发现就打30下手板。张刚以为他与爸爸要好,又是自己的本家,自己看电影是不会被打手板的,就偷偷去看了。谁知竟被他发觉了,张刚吓得拔腿便逃。

第二天,张刚极不情愿地举起手板,张老师打手板时,劲用得十分大。他觉得一下一下打的不是手。"一、二、三……"刚打了十来下张刚的手就红彤彤的了。手缩了又缩。张老师却不讲情面地说:"不许缩,缩了再加罚。"他硬是把当时已泪流满面的张刚打了整整30下手板。为此,张刚开始记恨起他来。

后来,只要看到张老师愁眉苦脸的样子,张刚就高兴。他家发生了不愉快的事自己也会在一旁偷着乐。他家开始不是鸡少了一只,就是鸭跛了一只脚,不用说,那都是张刚干的好事。读初中时,张刚开始了他的学画生涯。老师为了让他考个好学校,让他到市里去参加美术培训。张老师在得知他为培训费而苦恼时,将家里养的能卖的鸡鸭都卖了,为他筹了上百元的学费,还请张刚和他父亲到自己家吃饭。

当看到他宰的是那只被自己打跛了脚的鸭子时,张刚的脸红了。张老师看出来了,什么责备的话也没说:"来,吃吃我弄的鸭子,原本想将它卖了换个油钱的,但婆婆说它会生蛋,一直舍不得卖。今天是个高兴的日子,说不定将来我们张家会出一个大画家的。宰了这只鸭子,值得!"张刚一直将头低得很沉,不知是出于惭愧,还是感激,张刚的泪慢慢流了出来。

现在,张刚没成为画家,倒成了城里人,成了与张老师一样靠摇笔杆子吃饭的读书人。想起张老师的沉思状和他的教鞭,张刚就想起那只被打跛了腿的鸭子。

他知道，他今生是难以走出张老师的似海恩情了。

老师在学生的眼里，总是一副很严肃的样子，对学生过于严格，他们是在折磨学生，更是在用心栽培学生。因为正是老师给我们增加了许多试炼，才让我们逐渐成长起来。

在生活中，我们可能要面对的磨炼更多，工作中的、感情上的……每一次通过磨炼的时候，我们都能感受到自己的成熟。所以，别刻意地拒绝生活的磨炼，勇敢地承受这些磨炼，你的人生才会成长得更快。

脚踏实地是最好的选择

当我们不具备成功的天赋时，只有脚踏实地，才能让自己站稳脚跟。正如山崖上的松柏，经过无数暴风雪的洗礼，只有坚定地盘固于土地，它们才长能成坚实的树干。

一个人若不敢向命运挑战，不敢在生活中开创自己的蓝天，命运给予他的也许仅是一个枯井的地盘，举目所见将只是蛛网和尘埃，充耳所闻的也只是唧唧虫鸣。

所以，成功需要付出，希望需要汗水来实现，人生需要勤奋来铸就。

在美国，有无数感人肺腑、催人奋进的故事。主人公胸怀大志，尽管他们出身卑微，但他们以顽强的意志、勤奋的精神努力奋斗，锲而不舍，最终获得了成功。林肯就是其中的一位。

幼年时代，林肯住在一所极其简陋的茅草屋里，没有窗户，也没有地板，用当代人的居住标准来看，他简直就是生活在荒郊野外。但是他并没放弃希望，为了希望他流再多的汗水也不会后悔。当时他的住所离学校非常远，一些生活必需品都相当缺乏，更谈不上可供阅读的报纸和书籍了。然而，就是在这种情况下，他每天还持之以恒地走二三十里路去上学。晚上，他只能靠着木柴燃烧发出的微弱火光来阅读……

众所周知，林肯只受过一年的学校教育，成长于艰苦的环境中，但他努力奋斗、自强不息，最终成为美国历史上最伟大的总统之一。

任何人都要经过不懈努力才可能有所收获。世界上没有机缘巧合这样的事存在，唯有脚踏实地、努力奋斗才能收获美丽的奇迹。

亨利·福特从一所普通的大学毕业之后，便开始四处奔波求职，但均以失败告终。福特没有丧失对生活的希望，他依旧信心十足，自强不息，永不气馁。

为了找一份好工作，他四处奔走。为了拥有一间安静、宽敞的实验室，他和妻子经常搬家。短短的几年时间里，夫妻俩到底搬过几次家连他们自己也说不清了，但他们依旧乐此不疲。因为每一次搬迁，夫妇俩都有新的收获。贫困和挫折不仅磨炼了福特坚韧的性格，也锻炼了他的耐力和恒心，更使他有机会熟悉社会、了解人生，为未来新的冲刺做好了思想和技术的准备。

尽管贫困和挫折给他增添了不少的麻烦，但为了理想福特依然勤奋努力着，依然奋力拼搏着。功夫不负有心人，福特自强不息的精神和奋不顾身的打拼终于得到了回报。他应聘到爱迪生照明公司主发电站负责修理蒸气引擎，终于实现了自己的心愿。不久，他又因为工作出色，被提升为主管工程师。

坚定自强不息的信念，让它深深地根植于你的心中，它就会激发你各方面的潜能，使你勇敢面对工作中的一切困难和障碍。

努力把自己的事做得更好，就是一种创造！厨师把菜做得美味可口，裁缝把衣服做得更美观耐穿，建筑师盖出更舒适的房屋，司机开车更安全，作家努力写出更好的文章，都会为自己带来幸运，同时也为他人带来幸福。

无论是在生活中还是在工作中，都需要我们脚踏实地，时时衡量自己的实力，不断调整自己的方向，一步一步达到自己的目标。

站起来，可以拥抱挫折

《易经》曰："天行健，君子以自强不息。"也许有时候，我们无奈于生命的长度，但是坚强能够让我们选择生命的宽度与厚度。在这个世界上，我们会遇到赏罚不公，我们会遇到就业压力，我们会遇到竞争，我们会遇到病魔……但是，我们可以运用自己手中坚强的画笔，为自己在逆境中描绘一片属于自己的蓝天，为自己绘出红花绿草，清风习习。

2004年3月8日晚上，中央电视台《半边天》节目对6位女性做了访谈。

第一位是一个阿姨辈的女人——王自萍，54岁。但是她的状态，也可以说是心态，丝毫不亚于年轻人，甚至强过年轻人。她的乐观、自信、热情，瞬时感染了现场及电视机前的观众，也让人们羡慕不已。她是退休后，以不惑之年闯北京的。在这之前，她坚决地结束了一段不幸的婚姻。到了北京，种种努力自不必说，她终于做上了一家会计事务所的经理，通过了三项非常困难的资格认证考试。工作之余，她有着同样精彩的业余生活，她的幸福是每个人都可以感受到的，我们从她风趣的话语中知道了幸福的来源——坚强。

还有一个残疾姑娘，她身上所拥有的自信同样让她光彩照人。她来自石家庄，尽管残疾，但偏偏是个不服输的人。为了做一名职业歌手，她坐着轮椅跑到了北京，要实现自己的梦想。

我们设想一下，一个四肢健全的人假若要到北京生活，都那么的艰难，何况她一个残疾人。她有一千个不会成功的理由，但就有一千零一个成功的理由给了她成功。她现在是一名签约歌手。这一千零一个理由便是永不放弃。主持人问："上帝为什么要给你一个这样的命运？"她说命运只是要她活得更艰难一点儿。她在地铁站中的歌声嘹亮而高亢，远远地听去，就像是对命运的宣战。坚强是她的武器，任何困难都不能逃过她的冲击。

出场的女性大多是拥有一种白领的优雅，她们心底深处的倔强被温柔所掩盖。直到最后一位。她是云南昆明一家饭店的老板，手下有200余名员工，有2000多平方米的大楼。主持人关于她身家的渲染并没有引来多少人的羡慕，大家的心情很快被她的叙述所吸引。她有一个不幸的童年，险些被母亲以400元的价钱送人，从此她与母亲断绝了关系。这之后便是如何努力，如何奋斗，才有今天的成就。在她身上，所洋溢的依然是"坚强"二字。

很多人遭遇生命的变故时，总会不停埋怨老天："为什么是我？""为什么我就这么倒霉？"……即使哭哑了嗓子，事情也不会无缘无故地好转，所以要坚强地面对。碰到令人伤心的事情发生时，你第一个念头要告诉自己："它来了！这是必经的进程，只有自己能帮助自己，所以我要勇敢面对，现在就想办法处理！"不断用心灵的力量来为自己打气，然后要比平时更精神百倍，才能让自己走过生命的黑暗期，迎向灿烂的明天。遇到困难时，越是坚强的人，越有一股让人尊敬与心疼的魅力。唯有自己表现得更坚强，别人才能帮助你。

坚强也是一把双刃剑，多则盈，少则亏。少了坚强做伴的人，或是唯唯诺诺，没有自我；或是哀哀怨怨，陷在一件可小可大的事里，挣扎在一段越理越乱的感情里不能自拔。只有坚强的人，为了坚强而追求着坚强，从不停下脚步，坚强是一种习惯。

多也罢，少也罢，总而言之，人要活得自我，活得幸福，坚强是第一要素。因为它就是一把开山的斧，远航的帆。面对挫折或者失败，人更需要的是从失败中站起来，微笑着面对风霜的袭击，用宽阔的胸怀去拥抱挫折。

人生的冷遇也是一种幸运

想实现自己的梦想，就要有胆识有胆量，要勇敢地面对挑战，做一个生活的攀登者，只有这样才能攀上人生的顶峰，欣赏到无限的风景。有时候，白眼、冷遇、嘲讽会让弱者低头走开，但对强者而言，这也是另一种幸运和动力。

　　她从小就"与众不同"，因为小儿麻痹症，不要说像其他孩子那样欢快地跳跃奔跑，就连平常走路都做不到。寸步难行的她非常悲观和忧郁，当医生教她做一点儿运动，说这可能对她恢复健康有益时，她就像没有听到一般。随着年龄的增长，她的忧郁和自卑感越来越重，甚至，她拒绝所有人的靠近。但也有个例外，邻居家那个只有一只胳膊的老人却成为她的好伙伴。老人是在一场战争中失去一只胳膊的，老人非常乐观，她非常喜欢听老人讲故事。

　　这天，她被老人用轮椅推着去了附近的一所幼儿园，操场上孩子们动听的歌声吸引了他们。当一首歌唱完，老人说道："我们为他们鼓掌吧！"她吃惊地看着老人，问道："我的胳膊动不了，你只有一只胳膊，怎么鼓掌啊？"老人对她笑了笑，解开衬衣扣子，露出胸膛，用手掌拍起了胸膛……

　　那是一个初春，风中还有几分寒意，但她却突然感觉自己的身体里涌动起一股暖流。老人对她笑了笑，说："只要努力，一个巴掌一样可以拍响。你一样能站起来的！"

　　那天晚上，她让父亲写了一张纸条，贴到了墙上，上面是这样的一行字："一个巴掌也能拍响。"从那之后，她开始配合医生做运动。无论多么艰难和痛苦，她都咬牙坚持着。有一点儿进步了，她又以更大的受苦姿态，来求更大的进步。甚至在父母不在时，她自己扔开支架，试着走路。蜕变的痛苦是牵扯到筋骨的。她坚持着，她相信自己一定能够像其他孩子一样行走，奔跑。她要行走，她要奔跑……

11岁时，她终于扔掉支架，她又向另一个更高的目标努力着，她开始锻炼打篮球和参加田径运动。

1960年罗马奥运会女子100米决赛，当她以11秒18第一个撞线后，掌声雷动，人们都站起来为她喝彩，齐声欢呼着这个美国黑人的名字：威尔玛·鲁道夫。

那一届奥运会上，威尔玛·鲁道夫成为当时世界上跑得最快的女人，她共摘取了3枚金牌，也是第一个黑人奥运女子百米冠军。

生活中，我们能够听到这样的话："立即干""做得最好""尽你全力""不退缩""我们能产生什么""总有办法""问题不在于假设，而在于它究竟怎样""没做并不意味着不能做""让我们干""现在就行动"。这些都是攀登者热爱的语言。他们是真正的行动者，他们总是要求行动，追求行动的结果，他们的语言恰恰反映了他们极力追求的方向。

生活中，当我们遭到冷遇时，不必沮丧，不必愤恨，唯有尽全力赢得成功，才是最好的答复与反击。

将失败像蜘蛛网一样轻轻抹去

在这个世界上，没有任何东西可以替代坚韧：教育不能替代，父辈的遗产和有力者的垂青也不能替代，而命运则更不能替代。

坚韧可以使柔弱的女子养活她的全家；坚韧使穷苦的孩子努力奋斗，最终找到生活的出路；坚韧使一些残疾人，也能够靠着自己的辛劳养活他们年老体弱的父母。除此之外，山洞的开凿、桥梁的建筑、铁道的铺设，没有一样不是靠着坚韧而成功的。人类飞天的梦想也要归功于一代代开拓者的坚韧。

作为命运的主宰者——人，我们应该学会坚韧，因为它常会带来意想不到的收获。人在现实中生活，犹如驾一叶扁舟在大海中航行，巨浪和旋涡就潜伏在你的周围，随时会袭击你，因此，你要当个好舵手，还得具有克服艰难的毅力和勇气，设法绕过旋涡，乘风破浪前进。换言之，坚韧也是面对磨难的一种手法，以不变应万变；坚韧更是一种力量，它能磨钝利刃的锋芒。

第二次世界大战时期，在纳粹集中营里，一个犹太女孩写过这样一首诗：

这些天我一定要节省，虽然我没有钱可节省；

我一定要节省健康和力量，足够支持我很长时间；

我一定要节省我的神经、我的思想、我的心灵和精神的火；

我一定要节省流下的泪水，

我需要它们安慰我；

我一定要节省忍耐，在这些风暴肆虐的日子，

在我的生命里，我多么需要温暖的情感和一颗善良的心。

这些东西我都缺少，

这些我一定要节省。

这一切，上帝的礼物，我希望保存。

我将多么悲伤，

倘若我很快就失去了它们。

在恶劣的环境下，小女孩一直用稚嫩的文字给自己弱小的灵魂

取暖，用坚韧面对逆境。很多人在绝望中死去，而这个小女孩终于等到了战争结束，看到了新生的曙光。

人生是一个漫长的过程，实现人生的目标需要数十年的奋斗。长时期地向着既定目标奋进、拼搏，必须具有坚韧的意志。鲁迅先生在"风雨如磐"的旧社会，特别强调要坚持"韧性的战斗"。许多卓有成就的革命家、科学家、文艺家之所以取得成功，除了他们的才能之外，无一例外都具有意志坚韧这一心理品质。正是这种坚韧，使他们克服种种艰难险阻，百折不挠地向前搏击。

已过世的克雷吉夫人说过："美国人成功的秘诀，就是不怕失败。他们在事业上竭尽全力，毫不顾及失败，即使失败也会卷土重来，并立下比以前更坚韧的决心，努力奋斗直至成功。"有些人遭到了一次失败，便把它看成拿破仑的滑铁卢，从此失去了勇气，一蹶不振。可是，在刚强坚毅者的眼里，却没有所谓的滑铁卢。那些一心要得胜、立志要成功的人即使失败，也不会视一时失败为最后的结局，还会继续奋斗，在失败后重新站起，比以前更有决心地向前努力，不达目的决不罢休。

世界上有无数强者，即使丧失了他们所拥有的一切东西，也还不能把他们叫作失败者，因为他们有不可屈服的意志，有一种坚韧不拔的精神，有一种积极向上的乐观心态，而这些足以使他们从失败中崛起，走向更伟大的成功。在我们学习那些坚韧不拔、百折不挠的生活强者时，我们也能将失败像蜘蛛网那样轻轻抹去，只要我们心里有阳光，只要我们面对失败也依然微笑，我们就能说："命运在我手中，失败算得了什么！"

从失败的阴影里走出来

生命中,失败、内疚和悲哀有时会把我们引向绝望。但不必退缩,我们可以爬起来,重新开始。

最糟的事情莫过于当危机来临时,找不到一个摆脱的办法。我们有种种逃避的方法——饮酒、操起毫无意义的嗜好,或者干脆无精打采地转悠以消磨时光。但这些丝毫不能减轻你的痛苦,反而会使痛苦更加刻骨铭心。为此,我们必须使劲站起来再次迈开前行的脚步,走出失败的阴影,重新开始生活,因为我们身体中的每个细胞都是为了在生命中奋斗而安排的。生命是一支越燃越亮的蜡烛,是一份来自上帝的礼物,是一笔留给后代的遗产。

那么,怎样才能再次站起来?怎样才能战胜内疚、忧伤、失败带来的疲惫而重新生活呢?要做到这些,你就必须:

1. 原谅自己,也原谅别人

不管造成麻烦的原因是什么,我们总能在自己身上发现一些事实上和想象出来的错误。要治疗这些我们已犯过的错误,现成的灵药是首先正视它,诚心诚意决不做第二次。如果可以弥补,就弥补起来;然后,把自己的过失和错误抛在脑后,用新的计划和新的热情,重新注满生活的水池。

同样,不要责备别人对你做的事。别人对你的伤害,如果是你应得的,就从中学一些东西;如果是委屈的,就忘掉它。

2. 恢复自尊

要从放弃防御面具开始,我们中的许多人正是戴着它生活的。相信自己的价值;对自己说话要好言好语,响亮而刚强;努力做到对自己像对别人一样宽宏大量。

然后停止"会失败"的考虑。多想你拥有的,少想你缺少的。在失败的深渊中,这是尤为重要的,相信自己能给生活增添一些美好的东西。

3. 回到众人的世界

我们害怕别人的关心会刺痛我们的伤疤,我们确实需要孤独的时光。但我们不能在那孤岛上待太长的时间,因为重新生活的路最终要通过我们与别人的亲密关系和共同努力才能获得。为了站起来重新走,我们必须爱。没有什么东西比爱更能唤醒那跟随灾难而来的痛苦。

4. 伸出手去帮助别人

花时间去帮助别人,借此治疗自己的创伤。

5. 相信奇迹

许多人曾陷于极度迷惘的困境中,可一旦摆脱了它,却能得到意想不到的欢乐和力量。欢迎奇迹的来临吧!准备新生不是一次,而是多次。到生活最接近你的地方去——海边、山巅,倾听它们蕴藏着新生和重回生活的声音。

6. 一次迈一步

如果你身上没有出现奇迹,静下心来做接着到来的事情,因为一次只能迈一步。

7. 学会感谢

每天,特别是心绪不好时,要寻找感谢的理由:"谢谢上帝,四季运转无穷尽;谢谢书本、音乐和促使我们成长的生活之力。"这样赞美,有时你会发现自己说:"谢谢上帝,你创造的生活正像它应该是的那样:痛苦伴随着欢乐。"你会发现自己在想:"人生是多么美好啊!"

其实,走出失败的阴影,重新开始生活并不难,关键在于你有没有这样的决心。

第十章
抱怨不如改变，
生气不如争气

命运不会因为抱怨而改变。要想改变自己的命运，首先就要停止抱怨，改变自己的心境和心态！在面临无法改变客观环境和他人的时候，首先要学会改变自己。自己改变了，环境也会随着改变。所以，在失意的时候，不要急着抱怨这个世界不公平，世界从来不会因为某个人的抱怨而改变。

生气是拿别人的错误惩罚自己、满怀希望地活着、牢牢抓住转瞬即逝的"机遇"、从容面对命运的曲折、在变化中求生存、培养出个性非凡的自己、良好心态造就美好人生。愚蠢的人只会生气，聪明的人懂得争气。

抱怨生活，不如经营生活

莲花因为污泥，而更庄严清净；鲑鱼因为逆游，而更勇猛奋进；探索者不怕危险困难，正因为可以挑战自己的体能极限；参禅者不怕腿酸脚麻，也是向自我内在的陋习挑战。

现实生活中很多人习惯了抱怨，遇到烦恼抱怨，遇到委屈抱怨，遇到困难抱怨……殊不知，抱怨生活的太多，发泄于生活的太多，生活就会如数还给你，这就是生活的规律。

佛教中有一句偈语："花繁柳密处拨得开，方见手段；风狂雨骤时立得定，才是脚跟。"平静湖面，从来练不出精干的水手，只有那些经得起生活考验的，才是最好的。

一个修佛的人要想修成正果，必须经历千万重考验，才能真正达到幸福的彼岸；一个红尘俗人，只有承受住生活的检验，才能提升生命的质量。

佛经中记载了这样一则故事：

作恶多端且杀生无数的鸯掘摩在皈依佛门，加入比丘群后，知道过去所作的恶必定要接受上天的磨难，于是请求佛陀给他一段时间，接受身心的考验。

他独自前往荒郊野外，无畏于日晒、雨淋、风吹，在树下静坐，累了就到洞里休息。吃的是树根、野草，穿的是破布缝补成的衣服，甚至破烂到全身裸露。无论是霜雪严冻，还是狂风雨露，都不能动摇他修行的决心，他可以说是苦人所不能苦、修人所不能修。

过了很长时间，有一天，佛陀告诉鸯掘摩："你身为比丘，应该要走入社会。"鸯掘摩听从佛陀的话，跟其他比丘一样到城里托钵。

然而，人们看到他就很厌恶，不但大人辱骂他，连小孩看了他也纷纷躲避。鸯掘摩向一位怀孕的妇人托钵，那妇人突然肚子痛得哀天叫地。

鸯掘摩回到精舍，将经过告诉佛陀。"受人厌弃、咒骂，这些我都不在意，因为我以前做过太多坏事，这是我罪有应得。但是，那位怀孕的妇人一看到我，连胎儿也不得安稳，我该怎么做才能解除她的痛苦呢？"

佛陀要鸯掘摩再回到那户人家，向妇人腹中的胎儿说："过去的我已经死了，现在我重生在如来的家庭，已经守戒清净，再也不会杀生了。"果然，当鸯掘摩将此话对那位妇人反复说了三次后，妇人腹中的胎儿就安定下来了。

此后鸯掘摩走入人群托钵，仍然有人会用石头和砖块扔他，甚至拿棍子打他，但鸯掘摩都没有怨言，也不躲避。

有一天，佛陀看鸯掘摩全身是血，而且都青肿了，心疼地对他说："你过去造的恶业确实很多，所以得长期接受磨炼。你要时时把心照顾好，耐心地接受这份果报。"

鸯掘摩平静地说："我过去杀生太多、作恶多端，是罪有应得。只要我不迷失道心，即使生生世世要接受天下人的身心折磨，我也愿意。"

佛陀听了很安慰，赞叹并勉励他自我觉悟，磨尽一切罪业。最终，鸯掘摩修成了正果。

鸯掘摩修行的过程是痛苦且艰难的，如果他一味地抱怨，心就会被困在不停埋怨的牢笼里，但是，选择承受、选择经营心境，就能经受住这个严酷的考验过程。

人们在生活中都多多少少会遇到不顺心的事情。在平静的港湾中生活的人，很难体会到与风浪搏斗的乐趣，也很难享受到成功之后的喜悦。只有在风浪起伏中不抱怨，把握好航船的舵盘，从惊涛骇浪中勇敢穿行而过，才能体会到搏击的快乐。

别把抱怨的"枪口"对准每一个角落

几乎在每一个公司里，都有"牢骚族"或"抱怨族"。他们每天轮流把"枪口"指向公司里的任何一个角落，埋怨这个、批评那个，而且，从上到下，很少有人能幸免。他们的眼中处处都能看到毛病，因而处处都能看到或听到他们的批评和发怒。

杰森刚出来打工时，和公司其他的业务员一样，拿很低的底薪和很不稳定的提成，每天的工作都非常辛苦。他拿着第一个月的工资回到家，向父亲抱怨说："公司老板太抠门了，给我们这么低的薪水。"慈祥的父亲并没有问具体数字，而是问："这个月你为公司创造了多少财富？你拿到的与你给公司创造的是不是相称呢？"从此，杰森再也没有抱怨过，既不抱怨别人，也不抱怨自己，更多的时候只是感觉自己这个月的业绩太少，对不起公司给的工资，于是更加勤奋地工作。

两年后，他被提升为公司主管业务的副总经理，工资待遇提高了很多，他时常考虑的仍然是："今年我为公司创造了多少财富？"有一天，他手下的几个业务员向他抱怨："这个月在外面风吹日晒，吃不好，睡不好，辛辛苦苦，老板才给我500元！你能不能跟老板建议给增加一些？"他问业务员："我知道你们吃了不少苦，应该得到回报，可你们想过没有，你们这个月每人只给公司赚回了2000元，而公司给了你们500元，公司最终得到的并不比你们多。"业务员都不再说话。

在以后的工作中，他手下的业务员成了全公司业绩最优秀的员工，他也被老总提拔为常务副总经理，这时他才27岁。去人才市场招聘时，凡是抱怨以前的老板没有水平、给的待遇太低的人他一律不要，他说，播种蒺藜不会收获牡丹，你自己不付出，却想着收获。做事情不知道反思自己，只知道抱怨别人，这种人是做不成大事的。

按照杰森的观点，抱怨之前要先反思自己，可是人们通常都只能听到别人的抱怨，却忽略了自己。很多人经常抱怨，却还以为自己是最乐观的、最任劳任怨的人。

抱怨一般有三种：一种是工作上的抱怨，如抱怨上司不公平、待遇不佳、工作太多、同事不合作，等等；另一种是生活上的抱怨，如抱怨物价太高、小孩不乖、身体不好，等等；还有一种是对社会的抱怨，总是愤世嫉俗，对不公平之事极为不满。

人都有一种正义与刚毅之气,有一种自尊之需,因此难免会对周围的不平之事发泄自己心中的情绪,但你要知道你的抱怨不会给别人带来任何益处。

别人没有听你抱怨的义务,你的抱怨如果与听者毫无关系,只会让对方不耐烦。如果你经常抱怨,下次他看见你便会躲得远远的。

有问题才会抱怨,如果你抱怨的都是一些很小的事情,而且天天抱怨,那就会给人一种"无能"的印象。一个能干之人,如果因为爱抱怨而被人认为"无能",那不是很冤枉吗?如果你时常抱怨别人,那么你也会被认为是个不合群、人际关系有问题的人,否则为什么别人不抱怨?

对工作的抱怨如果言过其实或无中生有,那么不仅听的人不以为然,不同情你,反而会抵制你,连上司也会对你表示反感。

事事烦心,事事无成

人常常被困在有名和无名的忧烦之中,为此而抱怨。它一旦出现,人生的欢乐便不翼而飞,生活中仿佛没有了晴朗的天,真是吃饭不香,喝酒没味,工作没劲,事业无心,连游戏也失去意思。这一切,只因为我们陷入了细小的忧烦之中。

吉布林娶了一个维尔蒙地方的女孩子凯洛琳·巴里斯特,在维尔蒙的布拉陀布罗造了一间很漂亮的房子,在那里定居下来,准备度过他的余生。他的舅爷比提·巴里斯特成了吉布林最好的朋友,他们在一起工作，在一起游戏。

然后，吉布林从巴里斯特手里买了一点儿地，事先协议好巴里斯特可以每一季在那块地上割草。有一天，巴里斯特发现吉布林在那片草地上开了一个花园，他生起气来，暴跳如雷，吉布林也反唇相讥，弄得维尔蒙绿山上乌烟瘴气。

几天之后，吉布林骑着的他的脚踏车出去玩的时候，他的舅爷突然驾着一辆马车从路的那边转了过来，逼得吉布林跌下了车子。而吉布林——这个曾经写过"众人皆醉，你应独醒"的人——却也昏了头，告到官里去，把巴里斯特抓了起来。接下去是一场很热闹的官司，大城市里的记者都挤到这个小镇上来，新闻传遍了全世界。事情没办法解决，这次争吵使得吉布林和他的妻子永远离开了他们在美国的家，这一切的忧虑和争吵，只不过为了一件很小的小事：一车子干草。

平锐克里斯在两千四百年前说过："来吧，各位！我们在小事情上耽搁得太久了。"一点儿也不错，我们的确是这样的。哈瑞·爱默生·傅斯狄克博士曾说过这样一个故事：森林里的一个"巨人"在战争中怎么样得胜、怎么样失败的过程。

在科罗拉多州长山的山坡上，躺着一棵大树的残躯。自然学家告诉我们，它曾经有四百多年的历史。初发芽的时候，哥伦布刚在美洲登陆；第一批移民到美国来的时候，它才长了一半大。在它漫长的生命里，曾经被闪电击过14次；四百年来，无数的狂风暴雨侵袭过它，它都能战胜它们。但是在最后，一小队甲虫攻击这棵树，使它倒在地上。那些甲虫从根部往里面咬，渐渐伤了树的元气。虽然它们很小，但持续不断地攻击。这样一个森林里的巨人，岁月不曾使它枯萎，闪电不曾将它击倒，狂风暴雨没有伤着它，却因一小队可以用手捏死的小甲虫而终于倒了下来。

我们岂不都像森林中的那棵身经百战的大树吗？我们也经历过生命中无数狂风暴雨和闪电的打击，但都撑过来了。可是却会让我们的心被微小的小甲虫咬噬——那些用手就可以捏死的小甲虫。

几年以前，有人有机会去怀俄明州的提顿国家公园游玩。和他一起去的，是怀俄明州公路局局长查尔斯·西费德，还有其他的朋友。他们本来要一起参观洛克菲勒坐落于那公园的一栋房子的，可是他坐的那部车子转错了一个弯，迷了路。等到达到那座房子的时候，已经比其他车子晚了一个小时。西费德先生没有开那座大门的钥匙，所以他们又在那个又热又有好多蚊子的森林里等了一个小时，等这位迷了路的朋友到达。那里的蚊子多得可以让一个圣人都发疯。可是它们没有办法赢过西费德。在等待迷了路的朋友的时候，他折下一段白杨树枝，做成一根小笛子，当迷路者到达的时候，他不是忙着赶蚊子，而正在吹笛，当作一个纪念品，纪念一个知道如何不理会那些小事的人。

解除忧虑与烦恼，记住规则："不要让自己因为一些应该丢开和忘记的小事烦心。"

没错，生活中小事不断，如果事事烦心，那么我们将没有快乐可言，更不会有时间和经历去做其他的事情，那么到最后，我们可能就因为那些小事而一事无成。

事能知足，就能多一些达观

知足常乐，是一种难能可贵的修为。对于习惯于沉沦生存欲望的人类来说，能够做到知足实在不是件容易的事情。知足是常态，事能知足心常惬。懂得了这一点，也就能获得常人难以获得的坦然和宁静。

知足就懂得珍惜，珍惜万事万物会使心灵得到前所未有的满足，是一种难能可贵且能给人带来幸福的生活态度。

很久以前，在西方净土，乌达雅纳王妃夏马伐蒂向阿难陀供养500件衣服，阿难陀欣然接受了。

乌达雅纳王听说后，他怀疑阿难陀可能是出自贪心才接受了这些衣服。于是他探望了阿难陀，对阿难陀说："尊敬的阿难陀，你为什么一下子接受500件衣服呢？"

阿难陀回答说："大王，有许多比丘都穿着破衣服，我准备把这些衣服分给他们。"

"那么，破旧的衣服做什么用呢？"

"破旧的衣服做床单用。"

"旧床单呢？"

"做枕头套。"

"旧枕头套呢？"

"做床垫。"

"旧床垫呢？"

"做擦脚布。"

"旧擦脚布呢?"

"做抹布。"

"旧抹布呢?"

"大王,我们把旧抹布撕碎了混在泥土中,盖房子时抹在墙上。"

阿难陀对一块布尚且如此珍惜,可见他对其他的事物及他人更是倍加地珍惜。生活本就是在珍惜和知足中才能累积起富裕,令人过得安心。有一颗知足且懂得珍惜的心,人才能过得快乐。

有一张名字叫作"知足常乐"的画,上面的内容也许是一个古老的故事:一个骑着高头大马的人昂首走在前面,一个骑毛驴的人悠闲地走在中间,走在后面的是满头大汗推着小木车的老汉,上面还有这么几行诗:世上纷纷说不平,他骑骏马我骑驴,回头看到推车汉,比上不足下有余。

知足常乐是一种看待事物发展的心情,不是安于现状的骄傲自满的追求态度。《大学》曰:"止于至善",是说人应该懂得如何努力而达到最理想的境地和懂得自己该处于什么位置是最好的。知足常乐,知前乐后,也是透析自我、定位自我、放松自我,只有这样才不至于好高骛远,迷失方向,碌碌无为,心有余而力不足,弄得自己心力交瘁。

知足是一种处世态度,常乐是一种幽幽释然的情怀。知足常乐,贵在调节。可以从纷纭世事中解放出来,独享个人妙趣横生的空间,对内发现自己内心的快乐因素,对外发现人间真爱与秀美自然,把烦恼与压力抛到九霄云外,感染自身及周围的人群,促进人际关系的逐步亲近平和,进一步拥抱浅景淡色与花鸟虫鱼。知足常乐,对事，坦然面对，欣然接受；对情，琴瑟各鸣，相濡以沫；对物，能透过下里巴人的作品，品出阳春白雪的高雅。做到知足常乐，待人处世中便充满和谐、平静、适意、真诚。这是一种人生底色，当我们都在忙于追求、拼搏而找不着北的时候，知足常乐，这种在平凡中渲染的人生底色所孕育的宁静与温馨对于风雨兼程的我们是一个避风的港口。休憩整理后，毅然前行，来源于自身平和的不竭动力。真正做到知足常乐，人生会多一分从容，多一些达观。

古人的"布衣桑饭，可乐终身"是一种知足常乐的典范。"宁静致远，淡泊明志"中蕴含着诸葛亮知足常乐的清高雅洁；"采菊东篱下，悠然见南山"中尽显陶渊明知足常乐的悠然；沈复所言"老天待我至为厚矣"表达着知足常乐的真情实感。更多的时候，知足常乐融合在平平淡淡才是真的意境中。知足常乐，是一种人性的本真，在孩童时代，我们会为拥有自己梦想得到的东西而喜上眉梢、笑逐颜开，烙下一串串深刻的记忆，今日重温，也许会忍俊不禁。无论行至何方、所处何位，知足常乐永远都是情真意切的延续。

日子难过，更要认真地过

经济不景气，大学生刚毕业就待业；裁员、下岗、减薪……这些词汇每天都充斥在工薪阶层的耳旁，扰得人们寝食难安；消费水平提高、物价上涨、孩子上学问题、户口问题、买不起房子买不起车、租个房子还要整天面对苛刻的房东……面对如此尴尬的处境，人们不禁感叹："这日子真的是没法过了。

艰难的日子虽然让人焦头烂额,可是我们却没有办法选择别样的生活。既然改变不了,那么我们不如冷静地接受,认真地过好每一天,这样也许我们就会有很多意外的收获,生活也不会再让我们觉得痛苦了。

众所周知,王宝强是个在少林寺里拳来脚往生活了六年的孩子,因为克制不住内心梦想之火的燃烧,就决定出少林"闯荡江湖"了。他从少林寺伙房师傅的口中得知很多师兄弟都去了北京做武打替身,可以拍电影,还可以和很多大明星接触……被外面五彩缤纷的生活所吸引,也被心中的梦想所牵引,于是王宝强来到北京,开始了所谓的"北漂生活"。

实际上,我们可以想象得到,像王宝强这样没有什么学历和文凭的人,在"北漂"中注定是不能气定神闲的。他曾经自己回忆:"那个时候住排房,屋子很小,夏天非常拥挤,五六个师兄弟挤在一个炕上。不过房租很便宜,一个月100块,每个人每月也就20块钱的租金。"可是,就算你空有一身好武功,也要有戏演才能维持生活。而实际上,只凭当替身的那点儿拳脚费,几乎无法维持生活。于是,那个时候的王宝强,几乎是"替身和民工"并存。

生活的艰难并没有动摇王宝强的信念,不管生活多难,他都咬紧牙关坚持着。接下去的两年里,他忽然和家里失去了联系。又一次访谈中,王宝强的哥哥说:"他到了北京忽然和家里失去了联系,信也没有,电话也没有,差不多将近两年的时间,我妈妈想他都快得病了。他忽然有一天打电话回来,说自己得了大奖,开始我们都还不信呢……"

王宝强的确曾经和家里失去联系，他说："那个时候没有钱，就是没钱打电话。""而且也不想打，没混出来个人样，觉得没法跟家里交代，没脸和家里人说。"就在那样孤独、艰难的岁月里，王宝强一面做"武替"，一面做民工，才勉强维持了自己的生活。有时候"武替"一天有几十块钱，有时候就只有一顿盒饭，可是即便这样，王宝强也觉得挺好的，来了北京，能吃饱，还能长见识。

很多师兄都劝他："宝强，咱回去吧。你说咱们武功也一般，长得也不好，还没什么文化，哪有导演愿意要咱们这样的呀？不是每个人都有李连杰那样的好运气的。"可是，倔强的王宝强就是不肯认输，抱定了"再难也要坚持下去"的观点，坚决要留在北京打拼。记得蒲松龄曾经写过这样的落第自勉联："有志者，事竟成，破釜沉舟，百二秦关终属楚；苦心人，天不负，卧薪尝胆，三千越甲可吞吴。"不知道是不是因为他"愚公移山"的精神感动了上帝，好运终于飘然降临了。

李扬导演相中了他，电影《盲井》中的优秀表演让他一举成名，并荣获了当年金马奖最佳新人奖。随后，冯小刚导演找到了他，他和中国最优秀的几个一线大明星、众多影帝影后加盟《天下无贼》。那个憨厚的"傻根"让人们一下子记住了他的名字。王宝强的星途从此一帆风顺。

很多人认为王宝强之所以能越来越好，是因为他太幸运了。可是王宝强却说，我并不是幸运的一个，能够有今天的成绩，是因为我一直没有放弃，尽管日子很难过，但是我一直在认真过好每一天。

尽管在生活中，我们每个人都会遇到各种各样的磨难和考验，只有能够认真地过日子的人，才能在最后的关头突破自己，创造生活的奇迹。其实，生活中给予我们每个人的机会都是相同的，越是艰难的岁月，就越能提供给我们进步的空间。所以，不要总是抱怨，只要我们坚持，认真地过好每一天，我们就能抓住希望。

扫除错误观念，世界不是根据公平原则创造的

在我们这个世界上，许许多多的人都认为公平合理是生活中应有的现象。我们经常听人说："这不公平！""因为我没有那样做，你也没有权利那样做。"我们整天要求公平合理，每当发现公平不存在时，心里便不高兴。应当说，要求公平并不是错误的心理，但是，如果不能获得公平，就产生一种消极的情绪，这个问题就要注意了。

实际上绝对的公平并不存在，你要寻找绝对公平，就如同寻找神话传说中的宝物一样，是永远也找不到的。这个世界不是根据公平的原则而创造的，譬如，鸟吃虫子，对虫子来说是不公平的；蜘蛛吃苍蝇，对苍蝇来说是不公平的；豹吃狼、狼吃獾、獾吃鼠、鼠又吃……只要看看大自然就可以明白，这个世界并没有公平。飓风、海啸、地震等都是不公平的，公平只是神话中的概念。人们每天都过着不公平的生活，快乐或不快乐，是与公平无关的。

这并不是人类的悲哀，只是一种真实情况。

生活不总是公平的，这着实让人不愉快，但确是我们不得不接受的真实处境。我们许多人所犯的一个错误便是为了自己或他人感到遗憾，认为生活应该是公平的，或者终有一天会公平。其实不然，

绝对的公平现在不会有，将来也不会有。

承认生活中充满着不公平这一事实的一个好处便是能激励我们去尽己所能，而不再自我伤感。我们知道让每件事情完美并不是"生活的使命"，而是我们自己对生活的挑战，承认这一事实也会让我们不再为他人遗憾。

每个人在成长、面对现实、做种种决定的过程中都会遇到不同的难题，每个人都有成为牺牲品或遭到不公正对待的时候，承认生活并不总是公平这一事实，并不意味着我们不必尽己所能去改善生活，去改变整个世界；恰恰相反，它正表明我们应该这样做。

当我们没有意识到或不承认生活并不公平时，我们往往怜悯他人也怜悯自己，而怜悯自然是一种于事无补的失败主义的情绪，它只能令人感觉比现在更糟。但当我们真正意识到生活并不公平时，我们会对他人也对自己怀有同情，而同情是一种由衷的情感，所到之处都会散发出充满爱意的仁慈。当你发现自己在思考世界上的种种不公正时，可要提醒自己这一基本的事实。你或许会惊奇地发现它会将你从自我怜悯中拉出来，使你采取一些具有积极意义的行动。

公平公正能够向往，但不能依赖和强求，不要把堕落的责任推诸他人，更不能自欺欺人！许多不公平的经历我们是无法逃避的，也是无从选择的，我们只能接受已经存在的事实并进行自我调整，抗拒不但能毁了自己的生活，而且还会使自己精神崩溃。因此，人在无法改变不公和不幸的厄运时，只有学会接受它、适应它才能把人生航向调转过来，才能驶往自己真正的理想目的地。

不抱怨是一种智慧

在生活中，我们的身边充满了各种各样的抱怨：抱怨孩子不懂事，抱怨家人不体谅自己，抱怨付出多、薪水低，抱怨上级不公平，抱怨公司制度不合理，抱怨人生不如意……有的抱怨是我们说给别人听的，有的抱怨是别人说给我们听的。但是，几乎没有人抱怨过自己：我为什么会有这么多的抱怨呢？

抱怨就像思维的一种慢性毒药。在我们的大脑中毒的同时，我们的人生态度、行动被"抱怨"这种强烈的病毒感染。在抱怨的生活中，我们的意志不断受到消磨，就像可以"溃堤"的蚂蚁一样，精神之堤瞬间被生活的洪水化为乌有。

我们就像陷入了抱怨的泥潭，无法自拔……在抱怨中找不到灵魂的出路，囿于抱怨的牢房，不知道如何走出抱怨的世界，给自己一个完美的世界。

葡萄牙作家费尔南多·佩索阿说："真正的景观是我们自己创造的，因为我们是它们的上帝。我对世界七大洲的任何地方既没有兴趣，也没有真正去看过。我游历我自己的第八大洲。"就像费尔南多·佩索阿说的那样，在生活中，我们才是自己的上帝，我们在创造自己的完美世界。

抱怨还是一种消极的行为方式，因为抱怨表达的是消极信息：挑剔、不满、埋怨、懊悔、烦恼、愤怒，等等，人在抱怨之后并不是轻松了，而是更生气了，而且不仅自己生气，周围的人也跟着不高兴。心理学研究表明，消极情绪会造成免疫力下降，时间长了就容易生病。相反，积极情绪会提高人的免疫力。消极情绪就像黑暗，而积极情绪才是阳光。

抱怨是最消耗能量的无益举动。有时候，我们不仅会针对人，也会针对不同的生活情境表示不满；如果找不到人倾听我们的抱怨，我们还会在脑海里抱怨给自己听。神奇"不抱怨"运动，来得恰是时候，正是我们现代人最需要的。我们可以这样看，天下只有三种事：我的事，他的事，老天的事。抱怨自己的人，应该试着学习接纳自己；抱怨他人的人，应该试着把抱怨转成请求；抱怨老天的人，请试着用祈祷的方式来诉求你的愿望。这样一来，你的生活会有想象不到的大转变，你的人生也会更加的美好、圆满。

不抱怨是一种智慧，因为你会发现，只有我们才是拯救自己的上帝。远离抱怨的世界，我们才能在自己生活的原点改变自我，发现一个全新的自己，从而改变自己的命运，收获成功的喜悦和幸福的生活。

抱怨就是蒙上了幸福的眼睛

抱怨是最消耗能量的无益举动。有时候，我们的抱怨不仅会针对人，还会针对不同的生活情境，表示我们的不满。是的，生活有不少的烦心事。不仅仅外部环境让我们抱怨，我们还不断地抱怨我们自己。比如时间不够用，钱不够花，不够聪明、不够冷静，反正什么看上去都不够好。

但是，这些抱怨有用吗？抱怨改变了原本的状况吗？

有一则古老的寓言，或许可以给我们一些启示。有一个年轻的农夫，划着小船给另一个村子的居民运送自家的农产品。那天的天气酷热难耐，农夫汗流浃背，苦不堪言。他心急火燎地划着小船，希望赶紧完成运送任务，以便在天黑之前能返回家中。突然，农夫发现前面有一只小船沿河而下，迎面向自己快速驶来。眼见着两只船就要撞上了，但那只船并没有丝毫避让的意思，似乎是有意要撞翻农夫的小船。

"让开，快点儿让开！你这个白痴！"农夫大声地向对面的船吼叫道，"再不让开你就要撞上我了！"但农夫的吼叫完全没用，尽管农夫手忙脚乱地企图让开水道，但为时已晚，那只船还是重重地撞上了他的船。农夫被激怒了，他厉声斥责道："你会不会驾船，这么宽的河面，你竟然撞到了我的船上?！"当农夫怒目审视对方的小船时，他吃惊地发现，小船上空无一人。听他大呼小叫，厉言斥骂的只是一只挣脱了绳索、顺河漂流的空船。在多数情况下，当你责难、怒吼的时候，你的听众或许只是一艘空船。那个一再惹怒你的人，决不会因为你的斥责而改变他的航向。

当然，你完全不必去讨好这个人，也没必要和他达成一致意见，甚至你继续厌烦他也都无妨。但你一定要清楚，不能让他制造的麻烦转而成为你的烦恼。无论你为此多么愤怒，他不会为你而失眠的。如果因为他的过错而使你陷入无尽的烦闷和悲伤之中，你就成了唯一的一个因此而受到伤害的人，并且，是你自己在强化这种伤害的深度和长度。

第十一章
爱在时当守，爱去时当放

　　所谓的永远，终逃不过时间。当两个人在不一样的天空下面彼此孤独地想念，心底的疲累总有一天会击溃整个爱情的围墙，爱情在这样的世界里变得脆弱，当等待从最甜蜜的守候变成了最残酷的煎熬，心会累，爱会冷……所以，你能握的住就紧紧地握住，你不能握住的，就潇洒地放手。

善待手中的爱情

一位悲伤的少女求见爱神。

"爱神,你掌管着人世间的爱情,现在,我有件关于我的爱情的事请教您,希望您能帮助我。"

"可怜的孩子,请说吧。"爱神说。

少女停顿了一下,忧伤的声调令人心碎:"我爱他,可是,我马上就要失去他了。"少女流泪了。

"孩子,请慢慢从头说吧,怎么回事?"爱神慈祥地说。

"我与他深深相爱着。他以他的热情,日复一日地用鲜花表达着他对我的爱。每天早上,他都会送我一束迷人的鲜花;每天晚上,他都要为我唱一首动听的情歌。"

"这不是很好吗?"爱神说。

"可是,最近一个月来,他有时几天才送一束花,有时根本就不为我唱歌了,放下花束就匆匆离去了。"

"嗯?问题出在哪儿呢?你对他的爱有变化吗?"

"没有,我一直从心里深深爱着他。但是,我从来没有表露过我对他的爱,我只能以冰冷掩饰内心的热情。现在他对我的热情也在慢慢逝去,我真怕,真怕有一天失去他。爱神,请指教我,我该怎么办?"

爱神听完少女的诉说，从屋里取出一盏油灯，添了一点儿油，点燃了它。

"这是什么？"少女问。

"油灯。"

"点它做什么？"

"别说话，让我们看着它燃烧吧。"爱神示意少女安静。

灯芯噼噼地燃烧着，冒出的火苗欢快而明亮，它的光亮几乎映亮了整个屋子。然而，渐渐地，随着灯油越来越少，灯芯火焰也越来越小，光线变弱了。

"呀！该添油了！"少女道。

可是爱神示意少女不要动。任凭灯芯把灯油烧干，最后，连灯芯也被烧焦了，火焰终于熄灭了，只留下一缕青烟在屋中飘浮。

少女沉思了一会儿，恍然大悟。

爱情是需要经营的，不要总将别人的付出视为理所当然。不用心去经营，有一天你会发现爱情之花已经枯萎。善待手中的爱情，珍惜每一天，感受生活的全部内涵，走过之后，你才不会因后悔当初没有珍惜而潸然泪下。

女孩送给男孩玫瑰种子和花盆，男孩说要种出最美丽的玫瑰送给女孩，他们一起等待着。后来，男孩迷上了上网，几天不找女孩是常有的事，女孩也越来越难找到他。但男孩一回到家，就会先去看看玫瑰，看到玫瑰垂头丧气的，他总会责怪自己的疏忽，赶紧为它浇水施肥，日夜守护着它，希望玫瑰早日开出美丽的花朵……

一天，他惊喜地看到玫瑰长出第一个花苞，高兴地打电话给女孩。等了很久他的电话的女孩，开心地听他用兴奋的语气说着："很快我就可以送你一束我亲手种的玫瑰了！"

男孩依然整日整夜地去玩，在家的时间越来越少。许久未见到男孩的女孩，终于来到男孩的家，她看到干枯的玫瑰残留着一片花瓣，似乎不放弃地在等着她。女孩看着奄奄一息的玫瑰，再看看镜中憔悴的自己，不禁滴下了一滴眼泪，而残存的最后一片花瓣也在此时落下。回到家的男孩着急地奔向窗台，看到原本放置玫瑰的地方却放着一盆仙人掌，还有一张字条。上面是女孩秀丽的笔迹："我走了！送你一株仙人掌，它不用时时浇水与照顾，但是不管多么耐旱的植物，也会有枯死的一天。"

我们许多人都像前面故事中不敢示爱的少女和不断食言的男孩一样，固执地以为我们的爱永不褪色，永远新鲜，于是以"爱"的名义不断地向对方索取，殊不知，此刻爱已变了味道。

爱其实不仅需要表白，还需要不断培养，否则爱情之花终究会凋落。

爱情的经营，应该是彼此的共赢，即一个人加上另一个人的力量，要大于两个人的力量。两个人的结合，是要为彼此带来更为丰富精彩的人生经历和幸福，那才是爱情的真正使命。如同蓓蕾一般默默地等待，夕阳一般遥遥地注目，即使藏有一个海洋，但流出来的只是两颗泪珠。

只有保持爱情的新鲜感，才能够让爱情看起来和谐而恒久。爱情是一门艺术，需要用心去描绘、去书写。

要用心去经营自己的情感生活，爱情色彩暂时的消退，只是因为你还在无光的隧道中行走罢了。有朝一日，当你和伴侣历经风雨，相扶着走过人世的沧桑，面对着夕阳下白发苍苍的彼此时，就会体悟到爱情真正的含义了。这绝对是人间永不止息的一曲赞歌。

幸福与否，由你来定

人们常说，自你一降生，就有一份天定的缘为你而生。然而大千世界，人海茫茫，生命苦短，如何才能找到属于你的那个完美的伴侣呢？现代的人们，总不能固守这份天缘，以易逝的青春和焦灼的心情屏息静候。于是，他（她）们常常很勉强地接受了随风而至的他（她），却又一遍遍地把他（她）和自己心目中那个完美的设想进行对比，对比一次，失望一次。

如果有这样一个人，他在你的心目中是绝对完美的，没有一丝缺陷，你敬畏他却又渴望亲近他，那么，这种感觉不可以叫作"爱情"，而是"崇拜"。崇拜需要创造一个偶像，就像图腾之类是没有血肉的东西；而爱情不需要，爱情是真真切切地能够用手触摸、用心体会。爱情是你明知他穿得十分"土气"，却甘愿带他出入于大庭广众；是你鄙视杀猪匠，却偏偏做了他的妻子；是你素有洁癖，却十分甘愿地为他洗着油腻腻的饭盒、脏兮兮的球鞋……

一位秀慧双修的女孩大学毕业后，拒绝了很多优秀男孩的追求，选择了一个毫不起眼且个子矮小的同事。周围的许多人都觉得不可思议,就连她的闺中女友也表示不理解。而她自己却很坦然,在众人疑惑的目光中,她披上婚纱与先生施施然地走进了"围城"。

多年以后,当她的同学们都疲倦于营造自己的一隅、失望于当初幻想的破灭之时,众人才在同学聚会上发现:这位女孩并没有如他们原先所想的那样,被困在一个庸碌无为的圈子里,憔悴不堪,而是依然光彩照人,甚至比以前还多了一份成熟的雍容和深刻。

这位女士告诉大家,她的男人不是最优秀的,有着许多的缺点,但这些在她还没有接受他的时候就已知道;而她愿意,今生今世,将自己的感情托付给这个在她遇到挫折的时候默默地帮助她、在她失意的时候热情地鼓励她,并且从不索取任何回报的男人。

由此可想,如果有一份执着而持久的感情和一份金玉其外却瞬间即逝的"感情",你宁愿选择哪一种?世界上有许多出色的男孩和美丽的女孩,然而真正属于你的感情只有一份,千万莫因为别人的眼光而改变了自己的心意,莫要活在别人的眼光里而失去了自己!感情不能贪心,也不是梦想。"如果有谁认为有十全十美的爱情,他不是诗人,就是白痴。"这话我深信不疑。所以,我们应该用心来守候属于自己的,并不惊天动地的爱情,等待之后便是一生一世的厮守。

其实真正的爱情只有蜕变成亲情才能永存,浪漫也只能是一时的风花雪月,再美丽的爱情到最后也要踏踏实实过日子。有时候想想:人生这几十年,真是转瞬即逝,年华逝去,如梦无痕。一直渴望能和自己心爱的人,在余晖下,相依携手看天边的浮云,看飘零的枫叶。对自己来说,这就是幸福。

海岩说过，幸福其实就是个人内心的一种感受，无所谓是非对错的标准。其实只要你觉得自己是幸福的，那你就是幸福的。

挥手告别不适合自己的人

在巴黎市中心的两条大街的交叉口，有一座名为"巴尔扎克纪念碑"的塑像。这座塑像上的巴尔扎克昂着头，披散着发，用嘲笑和蔑视的目光注视着眼前的光怪陆离的花花世界。然而巴尔扎克像却没有双手，这是怎么回事呢？

这座塑像是近代欧洲雕塑大师罗丹的作品。为了创作出这件作品，理解和体会这位《人间喜剧》作者的思想感情，表达出巴尔扎克的内在神韵，罗丹仔细阅读了巴尔扎克的全部重要作品，认真钻研了有关巴尔扎克的评论文章和传记作品。不仅如此，他还对塑像的创作持极端认真的态度。当时塑像的委托者限定18个月完成，并给了他1万法郎定金。罗丹为了避免时间仓促而做得粗制滥造，退回了1万法郎，并要求多给他一些时间。

在塑像的创作过程中，罗丹还经常征求别人的意见。

一天深夜，罗丹在他的工作室里刚刚完成巴尔扎克的雕像，独自在那里欣赏。他面前的巴尔扎克身穿一件长袍，双手在胸前叠合，表现出一种一往无前的气势。兴奋的罗丹迫不及待地叫醒一名学生，让他来评价自己的作品。

这位学生怀着惊喜的心情欣赏着老师的杰作，目光渐渐地集中在雕像的那双手上。"妙极了，老师！"这位学生叫道，"我从来没有见过这样一双奇妙的手啊!"听到这样的赞美,罗丹脸上的笑容消失了。他匆匆跑出工作室,又拖来另一个学生。"只有上帝才能创造出这样一双手,它们简直和活的一样。"学生用虔诚的口吻说道。罗丹的表情更加不自然了,他又叫来第三个学生。这个学生面对雕像,用同样尊敬的口气说:"老师,单凭您塑造的这双手,就可以使您名垂千古了。"

此时的罗丹已经变得异常激动,他不安地在屋内走来走去,反复端详这尊雕像。突然,他抡起锤子,果断地砍掉了那双"举世无双的完美的手"。学生们惊讶于老师的举动,一时不知说什么才好。

罗丹用平静的口气对他们说:"孩子们,这双手太突出了,它们已经有了自己的生命,不属于这座雕像的整体了。"

罗丹是明智的,不留恋最完美的,只根据自己的需要进行明确的选择。

生活中,我们选择恋人时又何尝不是如此?漂亮的、英俊的、有钱的……但如果不适合自己又何谈幸福呢?

爱情绝不是生命的全部,除此之外我们还有更多的事情需要去做,而不必在此浪费时间,特别是不要把感情浪费在不合适的人身上。当你感觉对方不合适时可以果断地选择离开,而不是被迫离开,虽然可能会落得个被抛弃的名声,但这又何尝不是一种洒脱呢?

一个女孩发现和自己订婚的男孩爱上了另一个女孩,但她觉得凭自己各方面的条件还是有可能令这个男孩回心转意的。于是,她将自己打扮得非常动人,然后约他见面。他看见她的样子,竟被迷住了。她在这最美的时刻向他提出了分手,转身离开,留给了他一个洒脱的背影。他开始后悔了,而她,却因为主动提出分手,为自己留下了尊严和一份从容。

当你发现对方已经不适合自己了,不要一味地忍让包容,否则包容也会变成纵容。受了伤害,就有权离开;不爱了,就有权果断。和不适合的人分开,才会给自己机会去遇见合适的人。

感情是珍贵而又容易枯竭的,请珍惜你的感情,别把它浪费在不适合的人身上,唯有如此,你的感情才能开花结果,否则你将收获无尽的伤痛与悔恨。

放开手,让对方幸福

爱情不是占有,也不是付出多少就能得到多少的等价交换,有的时候我们会品尝到失去爱人的苦涩,需要明白放手也是一种爱。只有这样,你才能不为自己的执着所困惑,不为自己的妄念所痛苦,才能真正拿得起、放得下。只有这样,当你遇到飞鸟与鱼的爱情时,才能感激爱情的美好,而不是为了不能在一起而悲伤痛苦。

有一位男士和女友经常为一些鸡毛蒜皮的小事争吵,渐渐地,两人之间便产生了裂痕。明知相处已无意义,可谁也不忍提出分手,为此,双方痛苦不堪。

有一天,这位男士去拜访一位心理学教授。教授听完他的讲述,微微点了点头,起身从卧室找出一个空花瓶,将一个橘子丢入其中,让他用手伸进去把橘子拿出来。结果,手伸进去了,橘子却拿不出来。因为瓶口比抓住了橘子的拳头要小。"怎么样,拿不出来吧?你想抓住橘子,橘子也借瓶口套牢了你的手。若你松开它,你的手怎样伸进去的,还能怎样出来。现在,你和你的女友已经无法和睦相处了,你还想抓住她,结果,你把自己也囚禁了,如果你能再理智一些,趁早放手,不仅放开了她,你也可以放开自己了。"教授意味深长地说。

两个人相处就像两只互相靠着取暖的刺猬,离得太远,会觉得冷,靠得太近,难免又会刺伤对方。尤其是在两个个性与情感都不合的男女之间,一旦在感情上失去了默契却仍然要在一起,这样只会伤害彼此。也许你小的时候玩过这样一个游戏,抓两只蜻蜓,拿一根线把两只蜻蜓分别绑在线的两端。如果蜻蜓齐心合力便可以飞起来,如果它们分别向着不同的方向飞,不仅无法飞走,而且会被彼此牵制得筋疲力尽。

两个人在一起,也许最大的伤害不是分手,而是难以和谐的时候还硬生生地绑在一起。许多的事情,总是在经历过以后才会懂得。一如感情,痛过了,才会懂得如何保护自己;傻过了,才会懂得适时的坚持与放弃,在得到与失去中我们慢慢地认识自己。其实,爱情并不需要那么多无谓的执着,没有什么是真的不能割舍。学会放手,幸福会更容易。

感情是一份没有答案的问卷,苦苦的追寻并不能让生活更圆满。既然逝去的爱情无法挽回,再去死死地抓住不放手,也没有意义。虽然世人都希望"有情人终成眷属",但世人总会受到很多限制,不能真的从心所欲。如果你真的爱一个人,却无法相守,你要记住:

爱一个人并不是一定要得到。放开手,让对方幸福,也是一种真爱。

能够相爱是幸福的,但我们总会看到一些悲伤结束的爱情。要培养一份清净无染的爱,在感情上不要有得失心,不要想得到回报,就不会有烦恼。我们都要学着洒脱,学着接受,"爱过,就是慈悲",爱一个人最大的幸福不是得到对方,而是让对方得到幸福。

在深爱中保持自我

爱一个人,就是无时无刻形影不离吗?

爱一个人,就是完完全全地占有吗?

爱一个人,就是什么都为他做、什么都为他想吗?

爱的执着,这个问题,我们最先想到的往往是女人。有人说,热恋中的女孩智商最低,往往看不清自己,很容易铸成大错。所以,在此提出一些忠告,希望能使她们清醒,希望她们不要把自己丢得太远。

不要太娇贵。现在女孩大多都很娇贵,她们从小受到父母的宠爱,在家中都是有求必应,稍不如意,就吵闹或撒娇。久而久之,使她们养成娇柔、傲气的性格,平时遇到半点困难就唉声叹气,最终会使男友厌烦。

不要太柔弱。有些女孩喜欢读徐志摩、席慕容的诗。读了《红楼梦》就把自己当作林黛玉,经常自怜自叹。这样的女孩子因为平时缺乏体育锻炼,所以身体柔弱多病,大部分男人都不希望自己未来的妻子是这样。

不要太尖刻。女孩子最不可取的性格就是尖刻。这些女孩大都长得很漂亮。走路时，她们绝不允许男友的目光在别的女子身上游荡。偶然有之，她们会红颜大怒。男友一时会被她们的相貌吸引，时间一久，容颜渐失，她们就没有任何优势，不能把爱留得长久。

不要太浅薄。现在的社会诱惑太多，浅薄型的女孩往往很早就涉足社会，读书不多，没有较深的思想内涵，她们常因为一些常识性的问题而让人取笑。和男友在一起，她们不懂幽默，无法理解男友语言的精华。因此男友会感觉很枯燥，没有乐趣可言。一些女孩子尽管受过一定程度的教育，但是缘于个人修养或品质方面的原因，依然是浅薄的。

然而更为重要的是，不要丧失了自己的独立个性。爱他的同时也要尊重自己。热恋中的女孩很容易丧失自己的独立人格，她完全在爱中迷失掉了。

爱情，只有相爱的两个人心心相印地沟通，才是可能长久的。爱他（她）的同时，也要尊重自己。

如果深爱对方不要试图改变自己去适应对方。可能当初我们真的是由于自己不懂，不知道什么叫爱情、什么叫尊重，或许直到某一天我们才会明白，尊重对方的个性也是一种爱。用包容的胸怀宽恕自己爱人的缺点，给他（她）一个自己的空间，给自己也留一个自由的空间，在平淡无奇的生活中演绎经典，在无声无语的交流中演绎这份爱。这样，即使是不经意的爱情也将变得永恒。

真正的爱情并不只在我们的想象中，它是一个实际的过程，要在细碎的小事中去体味。两个人相爱，他（她）即是他（她），你即是你；他（她）又是你，你又是他（她）。两个人相互融合，又彼此独立。这个融合的过程就是在互相的交流碰撞中学会接纳、信任、宽容和关爱对方。在这个过程中，又千万不要忽略彼此的个性。两个人彼此依恋、关怀、爱慕，但并不应该过分地依附与妥协。是的，让对方感到快乐是很重要的，但并不代表是一味地去取悦对方。彼此都感觉快乐才是最重要的，这也是爱情的魔力所在。

在人的潜意识里，付出总是希望得到回报的，你放弃自我地去付出，势必在内心深处想要得到的就更多，这是一种补偿心理，也是动机的源头，你必须正视。就像饿了要吃饭、渴了要喝水一样，你爱他多一些，当然会希望他更加爱你，不是吗？然而这就好比藤和树的关系，攀附得太紧，谁也无法存活。

再圣洁、再炽热的爱情也是需要私人空间的。尽管有家的形式，但在同一个屋檐下的两个人也是彼此独立的。谁也不是谁的附属，应该像两棵彼此独立的树一样，肩并肩地去应对生活中的风风雨雨。在全心全意爱对方的同时，也要为自己留一片天空，让心灵能够自由地呼吸，也让爱情能够自由地呼吸。唯有如此，我们才能在深爱对方之时不至于迷失方向。

失去的是恋情，得到的是成长

虽然把婚姻当作恋爱的终极目标有些狭隘，但不可否认的是绝大多数恋情顺利的男女会最终走入婚姻的殿堂。而那些没有结婚的情侣则大多是因为感情破裂，也就是我们经常所说的失恋。

失恋是一件让人揪心的事，很多人尤其是初尝爱情的人总是觉得痛不欲生。但这份让你心痛难耐的情愫却可以成为你真正成熟的契机。经历过失恋，并且最终摆脱痛苦，才能让人以更加成熟和从容的态度对待感情。虽然不能让你以后的感情生活一帆风顺，但却能让你感觉到内心的成长。

实际上，一个人只有通过一次真正的失恋痛苦和折磨，才会开始成熟起来。爱情毕竟不是生活的全部，人生更重要的是对理想、事业的追求。

失恋也并非完全是坏事，可以促进心理的发展和成熟。不论结果如何，只要我们真心付出过，坦诚地对待过，也就不会有什么后悔的地方。成熟的心志，才会产生成熟的感情。青涩年华产生的爱情，单纯而无比美妙，但是，它通常很难经得起岁月的考验，很难历练成恒久、深沉的真爱，就让那些过去成为美好的回忆吧。

失恋者需要清醒明白，感情既然"变质"就不可挽回，要尝试着接受这一心灵创伤。一些人不愿正视失恋的现实，认为很"丢面子"。他们往往会钻"牛角尖"，一方面觉得对方对不起自己，另一方面却认为一定是自己哪方面不好才会被"甩"。

其实，失恋的结局是一样的，而导致失恋的原因却是千差万别。失恋给人们留下一段伤心的回忆，怎样才能尽快消除痛苦感呢？这里有应对失恋的一些具体方法，或许对失恋者有一定的帮助。

1. 比较疗法——比比谁最惨

看看灾难影片，感受里面那些生离死别的惨痛，感悟现实中还有很多令人悲怜的人和事。想一想在这个世界上，绝非自己一个人经历此痛，这样对比就会觉得平衡一些。

2. "罪状"加强法——挖掘对方缺点

失恋后，可以擦亮双眼，清醒地翻翻"旧账"。想想对方的恶言劣行、薄情寡义，使自己越来越讨厌他，虽说不至于到咬牙切齿的程度，但是你肯定是更客观了。

3. 思考中断法——转移注意力

失恋者情绪消沉、寂寞无助是正常的，但沉迷于往事中不能自拔就是过度了。一旦睹物思人，请有意识地"叫停"，以中断回忆，将注意力拉回到现实中。

4. 建立信心法——自我快乐

失恋后的某些人会否定自我形象，甚者自信心也会发生动摇。其实，不管怎样，到什么时候爱自己都应该是坚定不移的。改变一下发式、买两套新装，让新鲜艳丽改变自己的心情。

5. 投注工作法——收之桑榆

恋爱是一件需要投入精力的事情，分心是不可避免的，而失恋后一切复归，又可以全心专注于工作或事业上了。"化伤心为力量"，努力地"建设"自己，使自己成为具备更好条件和资本的优秀者，还怕无人赏识吗？既然上天关了这扇门，就会为你再打开另一扇窗。做一个有心者，等待合适的机会吧！

6. 融入朋友法——恢复本色

恋爱期间"重色轻友"，现在恢复"单身"，还不趁此机会与老朋友们相聚，有谁会像老朋友一样了解你、包容你又心疼你呢？跟他们在一起，你不用掩饰什么，没有空余去品尝失恋之后的苦涩，有助于你重新找回良好的感觉。

抱怨抓不紧不如给他自由

人人都渴望美好的爱情，但是现实总是那么残酷，不断地打碎人们的美梦。自以为找到了爱情，实际上却是陷入了爱的陷阱。很多人无力自拔，一生也就在痛苦和心力交瘁中度过。其实，只要你勇敢一点儿，勇于改变自己，就能走出这个陷阱。

我们需要家庭和朋友，这样能够减少我们的孤独感，让我们感觉到安全，但有些时候，人们之间已经没有爱了，却为了逃避寂寞而紧紧地纠缠在一起，最终给自己和他人徒增许多的烦恼。

所以，当爱人和朋友带给你的痛苦多于欢乐时，你应该勇敢地结束和他（她）的关系。一个人退出另一个人的生活，是很平常的事，只有果断地放弃，才能有时间和精力去寻求属于自己的幸福。

一对性格不同的夫妇，丈夫提出离婚要求有8次，而妻子就是死活不离。在法院判决中，女方总是胜诉，就这样一直拖了29年。29年的岁月过去了，这位妇女的青春年华在拖延中消失了，乌黑的头发已成白发，红润的脸颊变黄了，刻上了一道道岁月的伤痕，身体也被折磨得满身病痛。

由于妻子的坚持，婚姻仍然存在，然而爱情早已荡然无存。她失去了幸福的家庭，失去了自己的青春，失去了健康的身体，也失去了再婚的机会，孩子也没有因此追回父爱。

结果，法院还是判离了。离婚后不到两年，这位不幸的妇女就因病情加重而离开了人世。

这位妇女的一生都是悲惨和不幸的，然而，她的不幸多是因为自己不肯学会放手，即便对方已经对她没有一点儿留恋，她还认为自己对他是有爱的，所以不会离婚。而这样，痛苦的却是两个人。

所以，会爱也要会放弃。我们越是害怕抓不紧对方，就越可能失去。与其一直在恐惧和抱怨中渴望用爱捆住对方，还不如让他带着爱自由飞翔。要知道，爱需要自由的空间。

生活中一些事情常常是物极必反的：你越是想得到他的爱，越要他时时刻刻不与你分离，他越会远离你，背弃爱情。你多大幅度地想拉他向左，他则多大幅度地向右荡去。

所以，我们应该让爱人有自己的天地去做他喜欢做的事。在你看来，他的爱好也许傻里傻气，但是你千万不可嫉妒他，也不要因为你不能领会这些事情的迷人之处就厌恶它。你应该适时地迁就他。

有些时候要让爱人独自去做他喜爱的事，使他觉得拥有真正属于自己的东西。毫无疑问，爱人时常需要从捆在他脖子上的爱的锁链里挣脱出来。如果我们能够帮助并支持他，去培养一些有趣的爱好，并且给他合理的机会享受完全的自由，那么我们就是在做一些使他快乐的事了。

真正的爱是可以超越时间、空间的。因此，作为婚姻的双方，请留给彼此一段距离，这段距离不仅包含空间的尺度，同样包含心灵的尺度：留下你自己独特的性格，不要与他如影随形；留下你自己内心的隐私，不要让他感到你是曝光后苍白的底片；留下一份意味深长与朦胧的神秘……不要试图挽留他离去的脚步，不要幻想他的目光永远专注于你，一切都应是自然形成。给彼此留下一段距离，让彼此能够自由呼吸吧！

图书在版编目 (CIP) 数据

内心强大,谁都伤不了你 / 文德编著. — 北京:中国华侨出版社,2017.12
(2018.9 重印)
ISBN 978-7-5113-7104-1

Ⅰ.①内⋯ Ⅱ.①文⋯ Ⅲ.①成功心理—通俗读物Ⅳ.① B848.4-49

中国版本图书馆 CIP 数据核字 (2017) 第 259106 号

内心强大,谁都伤不了你

编　　著:文　德
出 版 人:刘凤珍
责任编辑:泰　然
封面设计:冬　凡
文字编辑:李　茹
美术编辑:牛　坤
经　　销:新华书店
开　　本:880mm×1230mm　1/32　印张:8.5　字数:180 千字
印　　刷:三河市万龙印装有限公司
版　　次:2018 年 1 月第 1 版　2018 年 9 月第 2 次印刷
书　　号:ISBN 978-7-5113-7104-1
定　　价:36.00 元

中国华侨出版社　北京市朝阳区静安里 26 号通成达大厦 3 层　邮编:100028
法律顾问:陈鹰律师事务所
发 行 部:(010) 88893001　　　传　真:(010) 62707370
网　　址:www.oveaschin.com　　E-mail:oveaschin@sina.com
如果发现印装质量问题,影响阅读,请与印刷厂联系调换。